한 번만 읽으면 확 잡히는

고등 지구과학

한 번만 읽으면 확 잡히는
고등 지구과학

2021년 10월 29일 1판 1쇄 펴냄

지은이 김은량
펴낸이 김철종

펴낸곳 (주)한언
등록번호 1983년 9월 30일 제1-128호
주소 서울시 종로구 삼일대로 453(경운동) 2층
전화번호 02)701-6911 **팩스번호** 02)701-4449
전자우편 haneon@haneon.com **홈페이지** www.haneon.com

ISBN 978-89-5596-919-1   44400
ISBN 978-89-5596-904-7   세트

한 번만 읽으면 확 잡히는
고등 지구과학

김은량 지음 **이현지** 그림

한ㄹ

여러분, 안녕하세요? 우리는 매일 다양한 공간과 시간 속에서 사람들과 반가운 인사를 나눕니다. 지구에게도 안부를 한번 물어볼까요? 지구는 태양계에서 유일하게 생명체를 잉태하고 탄생시켜 번성하게 한 아름다운 행성입니다. 마치 따뜻한 엄마의 품과 같은 지구도 오늘 안녕할까요?

안타깝게도 요즘 지구는 몸살을 앓고 있는 것 같습니다. 지구 곳곳에서 일어나고 있는 환경 오염과 자연재해가 지구를 병들게 하고 있지요. 산불, 홍수, 가뭄, 녹아내리는 빙하 등은 지구의 모습을 흉측하게 망가뜨릴 뿐만 아니라 다양한 생물들의 서식지를 잃게 해 멸종의 위기로 몰아가고 있습니다.

지구과학은 바로 이러한 '지구'라는 천체에 관해서 연구하는 학문입니다. 하늘과 공기와 별과 땅과 바다, 그리고 우리를 둘러싼 우주까지 어느 것 하나 덜 소중한 것이 없습니다. 우주에서 지구가 얼마나 지구 생명체를 위해 소중한 곳인지 이 책을 통해서 여러분과 함께 공부하고 함께 느낄 수 있기를 바라는 마음으로 이 책을 소개합니다.

《한 번만 읽으면 확 잡히는 고등 지구과학》은 여러분이 좀 더 쉽게 지구를 이해하고 친숙해질 수 있도록 다양한 이야기를 담았습니다. 지구의 탄생 이후 46억 년 동안 서서히 모습을 바꾸어가며 살아있는 지권, 매일 우리를 숨 쉬게 하는 대기권, 수많은 생명체를 품고 오늘도 유유히 흘러가는 수권, 그리고 우리 지구를 비롯한 수많은 천체를 품은 우주에 이르기까지 지구의 과거와 먼 미래의 모습을 좀 더 깊게 알아보도록 합시다.

이 책을 모두 읽고 난 후에는 여러분이 우주에서 단 하나뿐인 지구에 대한 다양한 지식과 지구를 사랑하는 마음으로 무장한 '지구 수비대'와 같은 역할을 해내리라 기대해 봅니다.

깨끗하고 건강한 지구를 되찾길 바라는 우리 모두의 소망을 담아, 지구 수비대 여러분 이제 책장을 넘기며 출발해 볼까요? Let's go!

김은량

Part 3. **대기와 해양의 변화**

Chapter 3. **별의 에너지원과 내부 구조**

Chapter 4. **외계 탐사**

Part 6. **외부 은하와 우주 팽창**

Chapter 1. **은하의 분류**

Chapter 2. **우주론**

Chapter 3. **암흑 물질과 암흑 에너지**

Part

1

지권의 변동

우리는 모두 태양계에서 생명체가 살 수 있는 유일한 행성인 '지구'에 살고 있습니다. 녹색 식물이 번성하고 수많은 생명체가 인간과 더불어 살고 있는 지구는 마치 신이 선택한 행성처럼 생명체가 살기에 적합한 여러 가지를 갖추고 있는 곳입니다.

지구는 생겨난 순간부터 지금의 모습을 갖추기까지 많은 변화를 해왔습니다. 갓난아이가 태어나서 성인으로 성장해가면서 모습이 변화하죠? 지구도 역동적으로 움직이며 대륙을 이동시키고, 산맥을 만들어 내고, 때로는 깊이 가라앉기도 하고, 혹은 높이 솟아오르기도 하며 변화해요.

태양계에서 유일하게 생명체가 사는 신비의 행성인 지구는 어떤 과정을 겪으며 그 모습을 변화시켜 왔을까요? 지구 안에서 일어나는 신비로운 이야기를 들어보도록 할까요?

인물로 보는 판구조론

오르텔리우스(16세기 말)

미국 대륙의 동해안과 아프리카 대륙의 서해안 모양을 보고, 원래 붙어 있었는데 떨어진 것이라고 주장하였다. 최초로 대륙의 이동을 주장하였다.

⇩

에두아르트 쥐스(19세기)

남미, 아프리카, 중앙유럽, 아라비아, 인도, 남극, 호주 대륙이 아주 오래전에는 '곤드와나'라는 하나의 대륙을 이루고 있었다고 제안하였다.

⇩

알프레드 베게너: 대륙이동설(1915년)

아주 오래전 지구에는 하나의 큰 대륙이 있었는데, 이것이 갈라져 이동하여 현재 지구 대륙의 모습을 이루게 되었다고 주장하였다.

⇩

아서 홈즈: 맨틀대류설(1928년)

지구 내부의 대부분을 차지하는 맨틀의 아래쪽 온도가 위보다 높아서 대류하게 되는데, 이 과정에서 맨틀 위의 지각이 움직인다고 주장하였다.

⇩

헤스와 디츠: 해저확장설(1960년대 초)

깊은 해양저에서 새롭게 만들어진 맨틀 물질이 상승해 새로운 해양 지각이 만들어지는데, 이 지각이 맨틀이 대류하는 방향으로 이동하면서 해저가 넓어진다고 주장하였다.

Chapter
1

판구조론의 정립

베게너의 대륙이동설

'판게아'. 고생대 석탄기말에 형성된 초대륙의 이름입니다. 고대 그리스어의 판과 가이아에서 따온 이름이 붙여진 지구의 초대륙 판게아는 1억 5천만 년 전인 중생대 쥐라기를 거치며 점차 분리되었고, 현재와 같은 대륙 분포를 하게 됩니다. 하나였던 대륙이 현재처럼 여러 덩어리로 갈라졌듯이, 갈라졌던 대륙이 앞으로 2억 5천만 년 후에는 다시 하나의 대륙으로 합쳐질 것이라 하니 지구는 정말 살아있는 생명체와 같이 역동적입니다.

이러한 비밀을 알게 된 과정 속에 꼭 살펴보고 가야 할 과학자가 있습니다. 바로 독일의 기상학자이자 지구물리학자인 베게너입니다. 그는 1906년 세계 최초로 기구를 이용해 북극 상공의 대기를 관측했고, 같은 해에 그린란드 탐험대에서 연과 기구 등을 이용하여 대기를 관측하기도 합니다. 그는 아프리카 서해안과 남아메리카의 동해안이 퍼즐처럼 맞아떨어진다는 것을 우연히 발견하게 되지요.

1910년 베게너는 약혼녀에게 보낸 편지에 "남아메리카의 동부 해안이 아프리카 서부 해안과 정확하게 들어맞지 않아? 마치 한때 붙어 있기라도 한 것처럼 말이야!"라는 구절을 남겼다고 해요. 물론 대륙이 하나로 붙어 있었다는 사실을 베게너가 최초로 발견한 것은 아니었지만, 과거에 대륙이 하나였다는 확신을 갖고 지속적인 연구를 하게 됩니다. 대서양의 양쪽 해안뿐 아니라 또 다른 대륙들도 직소 퍼즐처럼 잘 들어맞는 곳이 있다는 것을 알게 된 그는 1910년부터 죽음을 맞이한 1930년까지 대륙이 서로 붙어 있었음에 대한 더 많은 증거를 찾아 연구를 계속했습니다.

같은 종의 화석들이 현재는 수천km나 멀리 떨어진 남극 대륙, 아프리카, 오스트레일리아, 남아메리카, 인도에서 동일하게 발견된다는 사실에도 관심을 가졌지요. 또한 2억 5천만 년 된 빙하의 흔적을 현재의 대륙이 분포한 지도 위에 나타내기도 했어요.

베게너가 이러한 발견을 하면서 얼마나 설레는 마음이었을까요? 하지만 그의 설렘은 사람들의 관심으로 이어지지는 못했습니다. 하나의 초대륙이 분리되고 오랜 과정을 거쳐 현재의 모습을 갖추게 되었다는 베게너의 개념을 대륙 이동설이라고 불렀는데, 이 혁명적인 생각을 지지하기보다는 의심하는 과학자들이 더 많았나 봅니다. 이들은 이 어마어마한 대륙을 움직일 수 있는 힘이 과연 무엇인지 알고 싶어 했습니다. 어찌 보면 당연한 호기심일 수 있었겠죠? 그러나 안타깝게도 베게너는 그 부분을 설명할 수 없었어요. 그렇게 베게너의 이론은 여러 과학자의 비웃음과 조롱의 대상이 되면서 사람들의 뇌리에서 잊혀집니다.

해안선 모양의 일치

현재 떨어져 있는 남아메리카의
동해안과 아프리카 서해안의
해안선이 비슷하다

고생물 화석의 분포

현재 떨어져 있는 여러 대륙에서
같은 종의 동물 화석과 식물 화석이
발견된다

빙하의 흔적

현재 따뜻하고 빙하가 없는
지역에서도 빙하의 흔적이
발견된다

지질 구조의 연속성

현재 멀리 떨어져 있는 두 대륙의
산맥과 퇴적층이 연속적으로
이어진다

대륙이 하나였다는 여러 증거

1930년 베게너는 그린란드로 생애 마지막 탐사를 떠나게 됩니다. 영하 60도의 그린란드에서 동료 라스무스 빌룸센과 개 두 마리가 끄는 썰매를 타고 캠프로 이동하던 중, 식량이 떨어지자 개 한 마리까지 잡아먹는 극단적인 상황에 직면하게 됩니다. 이듬해 5월에 발견된 베게너의 시신은 빌룸센이 가매장한 것으로 추정되고 그의 동료이자 후배인 빌룸센 역시 직후 사망한 것으로 보입니다.

베게너의 대륙이동설은 먼 훗날 판구조론을 정립하는 데 매우 중요한 역할을 하게 됩니다. 나이 오십에 비극적인 죽음으로 이 세상을 뜬 베게너는 자신의 생각이 오늘날 지질학의 중요한 이론이 되었다는 것을 알고 있을까요?

2

맨틀의 대류설

베게너가 그렇게 고민했지만 해결하지 못했던 대륙이 이동할 수 있는 원동력, 과연 그것이 무엇이었을까요?

1929년 홈즈는 베게너가 주장한 대륙 이동의 원동력이 맨틀의 대류라는 학설을 발표하게 됩니다. 지구는 중심으로 갈수록 온도가 매우 높기 때문에 위와 아래의 온도 차이가 발생할 수 있으며, 지각 아래에 위치한 맨틀은 윗부분과 아랫부분의 온도 차이로 인해 움직인다는 겁니다. 이런 식으로 대류가 일어나게 되면 맨틀 위에 있는 지각이 이동할 수 있게 된다는 것이 그의 설명이었습니다.

홈즈의 이러한 주장은 판구조론의 정립에 매우 중요한 의미가 있지만, 당시의 실험이나 관찰로는 증명할 수 없었어요. 구체적인 증거 자료를 제시할 수 없었기 때문에 홈즈의 주장 역시 받아들여지지 못했습니다. 홈즈 또한 베게너에 이어 자신의 주장을 펼치지 못하고 사람들로부터 외면당하다니 참으로 안타까운 일이란 생각이 듭니다.

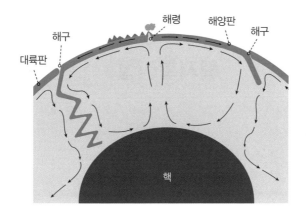

맨틀의 대류

3

해저확장설

2차 세계 대전이 끝난 후, 과학자들은 지구 해양의 바닥에 관심을 가지기 시작합니다. 군사와 경제적인 이유에서였어요. 해저 지형을 알아낸 여성 과학자 마리 타프는 1957년부터 1977년까지 해저 지도를 만드는 대업을 달성합니다. 이를 통해 북대서양 해저에서 남북 방향으로 이어지는 중앙 해령과 그 해령의 중심에 있는 열곡을 발견하였고, 지구의 표면이 갈라져 있다는 것도 알게 되었습니다. 또한 그동안 베게너가 설명하지 못했던 대륙 이동의 원동력을 설명하는 데 큰 영향을 미치게 됩니다.

마침내 1962년 프린스턴 대학교의 헤스와 디츠는 해양 지각이 확장되고 있다고 주장하게 됩니다. 만약 해저 산맥으로부터 해저가 대칭적으로 멀어지는 수평 이동을 한다면 해저 지형의 생성 과정을 설명할 수 있다는 가설을 제시하는데, 이 가설이 바로 해저확장설입니다.

맨틀 물질의 상승

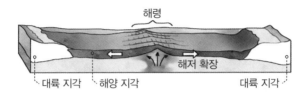

해령

해저 확장

대륙 지각   해양 지각   대륙 지각

해저확장설

해저확장설을 좀 더 자세히 살펴봅시다. 중앙 해령에서 솟아오른 마그마가 해양저 산맥을 만들고, V자형 골짜기 양쪽으로 용암이 굳어지면서 새로운 해양 지각이 형성되어 양쪽 방향으로 이동하는데, 이 때문에 해양 지각이 확장됩니다. 새로운 지각이 생겨나므로 오래된 지각은 계속 밀려서 이동하다가 대륙 지각이나 호상 열도 부근에 있는 해구를 통해서 다시 맨틀 속으로 침강해 들어가는 순환이 이루어지게 됩니다.

이러한 순환이 이루어질 수 있는 이유는 맨틀이 대류하기 때문이에요. 해저확장설에는 홈즈가 내세웠던 맨틀대류설이 반드시 필요했습니다. 또한 이 가설로 베게너가 설명할 수 없었던 대륙 이동의 원동력도 설명할 수 있게 되었지요.

현재도 아주 느린 속도지만 해저 확장은 진행되고 있습니다. 남대서양은 매년 수 cm씩 넓어지는 반면 태평양은 빠른 속도로 축소되

고 있으며, 아프리카 대륙이 현재와 같이 북상한다면 언젠가 유럽과
맞닿아 지중해가 사라지게 될지도 모르는 일이라고 하네요.

판구조론

베게너의 대류이동설, 홈즈의 맨틀대류설, 헤스와 디츠의 해저확장설 등 다양한 이론들이 등장하며 많은 과학자가 지구의 모습에 관심을 가지게 되었습니다. 1967년 미국 지구물리연맹 학술회의에서는 해저확장설에 대한 논문이 70여 편이나 발표되기도 하였습니다.

1968년 3월 미국의 지질학자인 모건은 지진이 자주 일어나는 지역이 판의 경계부에 존재하며, 판의 두께가 약 100km라고 설명하는 논문을 발표하였습니다. 또한 6개의 대규모 판과 12개의 소규모 판을 구분하고, 판의 운동 방향과 상대 속도를 계산하기도 하였습니다.

1968년 9월에는 미국의 지구물리학자인 아이악스, 올리버, 사이크스가 판이 운동하고 있다는 것을 증명하는 지질학적 증거를 발표하였습니다. 그들은 역동적인 지질학적 과정을 표현하기 위해 건축자를 뜻하는 그리스어 tecton에서 기원한 tectonis라는 용어를 도입하였고, 이후 이 용어는 후 판구조론(plate tectonics)이라는 유명한 이론을 만드는 데 크게 기여했습니다.

그렇다면 판이라고 하는 것이 무엇일까요? 지구를 사과라고 가정했을 때, 지각은 사과의 얇은 껍질처럼 지구를 덮고 있는 층입니다. 그 아래에 지구 부피의 대부분을 차지하고 있는 맨틀이 있고, 그 아래에 액체 상태의 외핵, 가장 중심부에는 고체 상태의 내핵이 있습니다.

판이라고 하면 바로 지각과 맨틀의 상층 일부를 포함하는 부분인 암석권을 의미합니다. 암석권 아래 대략 100~400km의 깊이까지는 부분적으로 용융(고체가 열을 받아 액체로 바뀌는 현상)되어 있어서 대류가 발생할 수 있는 부분이 있는데, 이 부분을 연약권이라고 부릅니다.

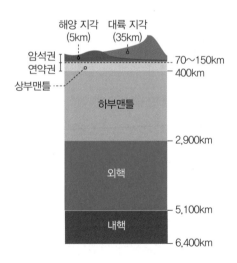

판구조론에서는 뜨겁고 유동성이 있는 연약권 위에 약 100km 두께의 단단하고 강한 암석권인 판이 떠다니고 있다고 설명합니다. 마치 물 위에 떠 있는 얇은 얼음 조각이 움직이는 것처럼 말입니다. 이 판은 10여 개의 조각으로 분리되어 있으며 대륙판과 해양판으로 구분할 수 있습니다. 또한 이들은 연약권 위를 여러 방향으로 움직이고 있는데, 손톱이 자라는 정도의 아주 느린 속도로 움직이고 있습니다. 우리가 느낄 수 있을 정도는 아니지만, 이로 인해 오랜 시간이 흐른 뒤에는 지구 표면의 모습을 바꿔 놓을 수도 있게 됩니다.

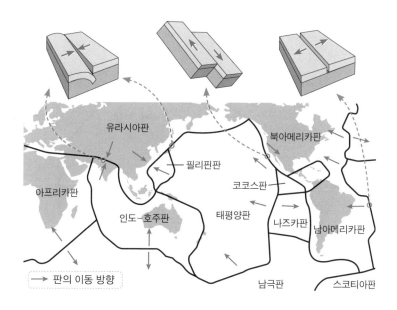

판의 경계 유형

판이 움직이는 과정에서 판과 판은 멀어지기도 하고, 만나기도 하며, 스쳐 지나가기도 합니다. 이 경계를 분류하여 발산형 경계, 수렴형 경계, 보존형 경계의 세 가지 유형으로 구분합니다.

발산형 경계에서는 판과 판이 서로 멀어지는 과정에서 해령과 열곡이 발달합니다. 주로 천발 지진이 발생하고 화산 활동도 활발히 일어난답니다. 해령에서 멀어질수록 지각이 생성된 지 오래된 것이므로 해양 지각의 나이가 증가하고 해저 퇴적물의 두께도 두꺼워집니다. 대서양의 중앙 해령과 동태평양 해령이 발산형 경계에 해당해요. 대륙에서도 판이 갈라지는 경계인 열곡대가 발달합니다.

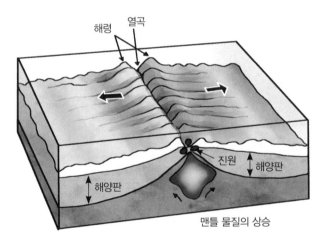

발산형 경계

수렴형 경계는 판과 판이 서로 가까워지는 경계로, 그 형태는 매우 다양합니다. 대륙판끼리 만나는 경우, 해양판과 대륙판이 만나는 경우, 해양판과 해양판이 만나는 경우가 조금씩 다른 양상을 보입니다.

대륙판끼리 충돌하면 대륙판은 밀도가 작아서 연약권 아래로 섭입(판이 서로 충돌하여 한쪽 판이 다른 쪽 판의 밑으로 들어가는 현상)하지 못하고 충돌로 인한 횡압력에 의해서 습곡 산맥을 형성하게 됩니다. 천발 지진이나 중발 지진이 발생하지만 화산 활동은 거의 일어나지 않지요. 유라시아판과 인도-호주판이 만나서 히말라야산맥이 생긴 예가 바로 이 경우에 해당합니다.

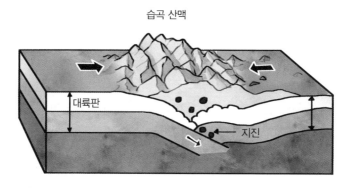

수렴형 경계
대륙판과 대륙판의 충돌

해양판과 대륙판이 만나면 해양판의 밀도가 대륙판보다 크기 때문에 해양판이 대륙판 아래로 섭입하게 됩니다. 이 과정에서 천발 지진부터 심발 지진까지 다양한 지진이 발생합니다. 해구나 습곡 산맥이 발달하고 화산 활동도 활발하게 일어나고 있습니다. 나즈카판과 남아메리카판이 만나 형성된 페루-칠레 해구가 그 경계에 해당합니다.

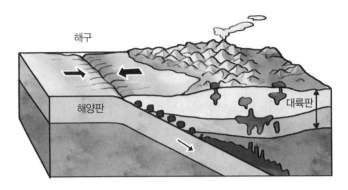

수렴형 경계
해양판과 대륙판의 충돌

　수렴형 경계의 세 번째 유형은 해양판과 해양판이 만나는 경우입니다. 밀도가 큰 해양판이 상대적으로 밀도가 작은 해양판 아래로 섭입하면서 다양한 형태의 지진이 발생해요. 해구와 호상열도가 생기고 화산 활동도 활발하게 일어납니다. 해양판인 필리핀판과 태평양판이 만나 생긴 마리아나 해구가 좋은 예가 됩니다.

　판의 경계 세 번째는 보존형 경계입니다. 판과 판이 서로 만나거나 갈라지는 게 아니라 서로 어긋나는 경계로, 판이 생성되지도 않고 소멸하지도 않는 곳입니다. 이 경계에서는 주로 천발 지진이 발생하지만 화산 활동은 일어나지 않아요. 단층면을 경계로 양쪽의 판이 서로 어긋나는 방향으로 이동하는 변환 단층이 나타나는 것이 특징적입니다. 태평양판과 북아메리카판의 경계인 산안드레아스 단층이 유명한 예입니다.

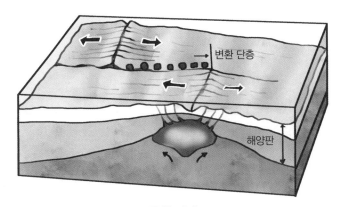

변환 단층

해양판

보존형 경계

Chapter
2

대륙 분포의 변화와 플룸구조론

1

고지자기 변화

예전에는 방향을 찾는 방법으로 나침반을 사용했습니다. 산행하거나 항해를 하는 사람들에게는 나침반이 필수품이었던 시대가 있었지요. 지구는 마치 자석처럼 주변에 자기장이 형성되어 있습니다. 이 때문에 나침반의 자침은 지구 자기장의 양극 방향을 가리키게 되는 것입니다.

그럼 우리가 나침반의 N극을 따라가면 북극점에 도달할 수 있을까요? 아쉽게도 지리상의 북극과 자기장의 북극은 그 위치가 완전하게 일치하지는 않습니다.

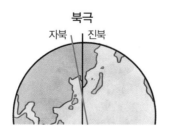

북극
자북 진북

지구의 자기장 방향을 나타낼 때 **편각**을 사용하게 되는데, 편각이란 지리상의 북극(진북)과 나침반이 가리키는 북극(자북)이 이루는 각을 의미합니다.

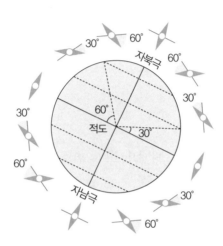

또한 나침반의 자침은 수평면과 각을 이루면서 기울어져 있는데 이 각을 **복각**이라고 합니다. 복각은 자기 적도에서 $0°$이며 자북극과 자남극에서 $90°$를 이루는데, 북반구에는 + 부호를, 남반구에서는 − 부호를 붙여 사용합니다.

그렇다면 하나로 합쳐 있던 대륙이 조각조각 나누어져 이동하여 오늘날의 모습을 갖추게 되었다는 대륙이동설과 지구의 자기장은 어떤 관계가 있을까요? 과연 조각난 대륙들은 어떤 경로로 이동하여 현재의 모습을 갖추게 된 것일까요?

과거에 대륙이 이동한 모습은 마그마가 식어서 굳을 때나 퇴적물이 쌓일 때 남긴 증거로 알아낼 수도 있습니다. 바로 그때 기록된 과거 지구 자기장의 방향의 변화, 즉 고지자기를 연구하여 알아낸 것입니다. 고지자기란 지질시대에 생성된 암석에 기록되어 있는 지구 자기를 말합니다.

뜨거운 용암 상태일 때에는 자성을 띤 광물들도 자성을 잃어버렸다가 용암이 식어 냉각되는 과정에서 다시 자성을 띠게 됩니다. 이렇게 용암이 식어 냉각되는 과정에 자성 물질들은 당시 지구의 자기장 방향대로 자화(물체가 자기를 띠는 것)됩니다. 만약 그 이후에 지구 자기장이 변했다 하더라도 광물이 자화된 방향은 보존되겠지요. 또 자성을 띤 광물 입자가 퇴적물 상태에서 그 당시의 자기장 방향으로 배열되어 퇴적암이 되었을 때에도 그 배열의 방향은 변하지 않습니다. 이를 잔류자기라고 합니다.

이 점을 이용하면 암석이 생성될 당시의 지자기 북극의 위치를 결정할 수 있습니다. 지자기 북극을 지도에 표시해 보면 위치의 변화가 뚜렷하게 보이는데, 이는 실제로 지자기 북극이 시간에 따라 이동을 했거나 대륙이 상대적으로 이동한 결과라는 뜻이겠지요.

자북극이 두 개일 수 없다는 것은 대륙이 이동했음을 의미하고, 이 사실을 이용하여 대륙의 이동 모습을 알아낼 수 있게 되었답니다. 이런 방법으로 인도 대륙의 위치 변화도 알게 되었습니다.

인도 대륙은 약 7천 1백만 년 전에는 남반구에 위치해 있다가 연간 5~16cm의 속도로 이동해 바다를 건너와 충돌을 일으켰습니다.

이 과정에서 거대한 히말라야산맥을 형성하게 되었다는 것입니다.

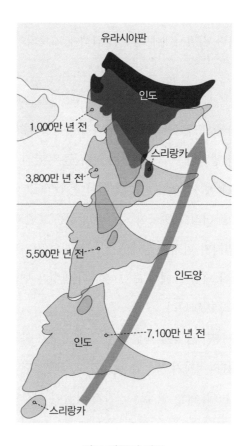

인도 대륙의 이동

2

대륙 분포의 변화

우리는 판게아라는 초대륙의 이름이 익숙하지만 지질시대에는 판게아 이전에 로디니아라는 초대륙이 존재했습니다. 약 12억 년 전에 생겨 약 8억 년 전에 분열했다고 알려지는 초대륙입니다. 로디니아 이후에도 대륙은 분열하고 이동하여 모습을 바꾸다가 약 2억 7천만 년 전에 판게아가 형성됩니다. 판게아가 형성될 때 북아메리카 대륙이 아프리카 대륙 및 유럽 대륙과 충돌하여 거대한 습곡 산맥이 만들어졌습니다.

판게아는 지구의 북극에서 남극까지 이어진 대륙으로 북쪽에 로라시아, 남쪽에 곤드와나, 그 사이에는 테티스해가 있었습니다. 판게아는 중생대 초기인 약 2억 년 전부터 분리되기 시작하였고, 중생대 중기에는 대서양이 넓어지기 시작하면서 곤드와나 대륙에서 아프리카 대륙과 남아메리카 대륙이 분리되었습니다. 인도 대륙은 남극 대륙에서 분리되어 북쪽으로 이동하게 되고, 테티스해는 닫히면서 지중해가 형성됩니다.

　약 9천만 년 전에는 남대서양이 확장되었고 오스트레일리아 대륙은 남극 대륙에서 분리됩니다. 신생대 동안 인도 대륙은 유라시아 대륙과 충돌하여 히말라야산맥이 형성되기 시작하였고 이후 현재와 같은 대륙의 분포를 갖추게 되었습니다.

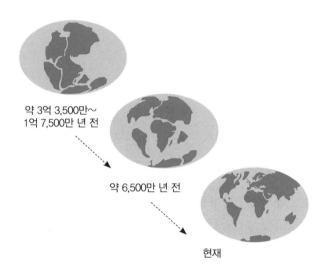

약 3억 3,500만~
1억 7,500만 년 전

약 6,500만 년 전

현재

3

미래의 대륙의 모습

수억 년 동안 지구 표면의 대륙은 마치 살아있는 생명체처럼 그 모습을 바꿔 왔으며 지금 이 순간에도 끊임없이 움직이고 있습니다. 그렇다면 앞으로 먼 미래의 대륙의 모습도 현재의 모습과는 많이 다르게 바뀌어 있겠지요?

과학자들이 전망한 앞으로의 대륙 분포는 어떨까요? 약 5천만 년 뒤에는 아프리카 대륙과 유라시아 대륙이 '아프라시아'라는 하나의 대륙으로 합쳐지면서 지중해가 사라지고 거대한 산맥이 자리 잡을 거라고 전망합니다. 와우! 어쩌면 아프리카까지 철도가 생길지도 모르겠습니다.

너무 먼 훗날의 이야기인가요? 2천500만 년에서 7천500만 년 사이에는 호주 대륙이 북쪽으로 이동해 와서 아시아 대륙과 합쳐질 거라고 합니다. 남극 대륙도 점차 북으로 이동하여 남미 대륙과 호주 대륙을 포함한 아프라시아 대륙과 연결되며, 그 사이에 북미 대륙과 아프라시아 대륙이 하나로 합쳐지면서 판게아 울티마가 탄생하게 될 거로 전망하고 있습니다.

이러한 예상대로라면 판게아 이후, 지구의 대륙이 다시 하나의 몸통으로 연결되는 것이니 그 모습을 상상해 보면 무척 기대됩니다. 세계가 하나의 대륙으로 연결되면 전 세계의 사람들은 더 이상 전쟁도 분쟁도 없이 평화롭게 살아갈 수 있을까요? 매우 흥미롭고 궁금해집니다만 그것을 지켜보기엔 너무 오랜 시간이 걸리는 것 같지요?

4

플룸구조론

베게너의 대륙이동설과 맨틀대류설에 이은 해저확장설, 판구조론은 지구의 특정한 곳에서 일어나는 지각 변동에 대한 호기심을 해결하는 데 어느 정도 도움이 되었습니다. 여기서 잠시 판구조론을 복습해 볼까요?

지구의 표면은 약 100km 두께의 조각 10여 개로 나뉘어 있으며, 이 조각들은 맨틀의 대류에 의해 끊임없이 움직이고 있습니다. 이들이 운동하면서 그 경계에서는 다양한 지각 운동에 따른 지표의 변화가 일어납니다.

해저 표면에 있던 지각이 지구 속 깊은 곳으로 가라앉는 곳에서는 해구가 생성되고, 이렇게 가라앉은 지각이 지구 내부로 깊이 들어가면서 지진을 일으키며, 가라앉은 지각은 압력으로 인해 용융되고, 해령에서 다시 지표로 솟아오르며 새로운 지각을 만들어 냅니다. 이 과정에서 판들이 충돌하여 습곡 산맥을 만들기도 하고, 서로 엇갈리기도 합니다. 따라서 화산과 지진이 자주 발생하는 곳은 판의 경계라는 일정한 선을 따라 분포하고 있다는 것이지요.

그런데 판구조론으로 다양한 지각 변동 사건을 설명하던 중 예외를 발견하게 되었습니다. 바로 아름다운 섬 하와이입니다. 세계적으로 유명한 휴양지인 하와이는 누구나 한 번쯤은 여행 가 보고 싶은 매력적인 섬이지요. 지금도 활동 중인 킬라우에아 화산을 품고 있는 하와이는 판의 경계가 아닌 태평양의 중심부에 위치하고 있습니다. 판의 경계를 따라 화산과 지진이 발생한다는 판구조론으로 설명하기에는 충분하지 않다는 것이 느껴지시나요? 또 다른 고민이 생기게 된 것입니다.

이러한 점을 보완하기 위해 지구 내부의 운동에 대한 새로운 이론이 등장하는데, 바로 플룸구조론입니다. 그렇다면 플룸에 대해 먼저 알아보아야겠지요? 플룸은 맨틀의 대류 현상이라 할 수 있으며, 지구 내부에서의 강한 상승류 또는 하강류를 의미합니다. 지구 내부의 온도 차이로 인해 밀도 변화가 생기면, 이로 인해 고온의 맨틀 물질은 상승하고 저온의 맨틀 물질은 하강하게 됩니다.

판구조론에서는 상부 맨틀까지의 대류가 중요한 의미를 가졌지만, 플룸구조론에서는 대류의 범위가 맨틀과 외핵의 경계까지 포함합니다. 이때 고온 맨틀 물질의 상승을 뜨거운 플룸, 저온 맨틀 물질의 하강을 차가운 플룸이라고 부릅니다. 차가운 플룸은 주로 해구에서 섭입하는 물질이 상부 맨틀과 하부 맨틀의 경계 부근에 쌓여 있다가 가라앉으면서 생성됩니다. 차가운 플룸이 핵과 맨틀의 경계에 도달하면 핵이 차가운 플룸에 대해 열적 반응을 일으키고 핵과 맨틀 경계면의 온도 구조가 교란되어 뜨거운 플룸이 생성되는 것입니다.

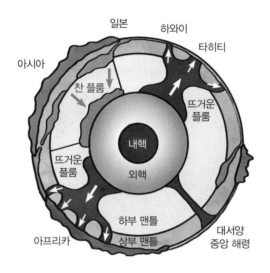

맨틀 하부에서 지표면까지 향하는 고온의 열기둥인 뜨거운 플룸과 지표에서 맨틀 하부로 향하는 저온의 열기둥인 차가운 플룸

열점은 바로 뜨거운 플룸이 지표면과 만나는 지점 아래 마그마가 생성되는 곳입니다. 열점에서 분출하는 마그마는 외핵과 맨틀의 경계 부근에서 생성된 것이기 때문에, 상부 맨틀이 대류해서 판이 이동해도 열점의 위치가 변하지 않게 됩니다. 이렇게 고정된 열점에서는 오랫동안 마그마가 분출되어 용암 대지나 해산, 화산섬을 생성할 수 있게 되는 것입니다. 하와이 열도는 바로 이러한 과정에 의해서 생성된 곳이기 때문에 판의 경계가 아니어도 화산 활동이 일어날 수 있었던 것이지요. 열점은 전 세계적으로 수십여 개로, 대륙판과 해양판의 내부에도 위치하고 있습니다.

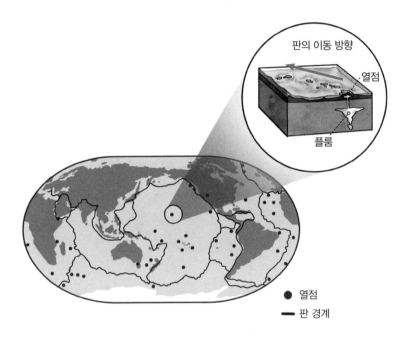

Chapter
3

마그마의 생성과 화성암

지진대와 화산대

지구는 상부 맨틀에서의 대류와 플룸 구조 운동으로 활발하게 운동하며 변화하고 있습니다. 이와 같은 지구 내부로부터의 운동은 다양한 형태의 지진과 화산 활동을 일으키는데, 이러한 지각 변동이 자주 발생하는 지역을 변동대라고 합니다. 특히 태평양 주변 고리 모양의 환태평양 변동대에는 활화산이 집중적으로 분포하고 있어 불의 고리라고 불리기도 합니다. 지구상에서 발생하는 지진의 80~90% 역시 환태평양 변동대에서 발생하고 있습니다.

1900~2017년까지 규모 6.0 이상의 지진이 발생한 지역

9.0-
8.0-8.9
7.0-7.9
6.0-6.9

2

마그마의 생성

백두산 지하에 거대한 마그마가 있다는 기사를 본 적이 있나요? 만약 지하 깊은 곳에서 생성되어 지표로 분출되는 화산 활동이 수일 내에 우리 한반도에서 일어난다면 어떨까요?

서기 946년 백두산 천지에서 발생한 대분화 때 남한 전체를 1m 두께로 덮을 수 있는 엄청난 양의 분출물이 쏟아졌으며, 이는 과거 1만 년 이래 지구상에서 발생한 가장 큰 규모의 분화 사건이라고 합니다. 실로 어마어마한 사건이 아닐 수 없습니다. 백두산이 다시 활동하게 된다면 한반도에 얼마나 큰 영향을 미치게 될까요?

마그마의 내부 압력이 충분히 높아지면 지표로 분출하게 되는데, 이렇게 생성된 산을 화산이라고 합니다. 화산의 분출 형태나 화산체의 모양은 마그마의 성질에 따라 다르게 나타나며, 지역적으로 가까운 곳에서 생성된 화산이라도 마그마의 종류가 달라 화산의 모양이 달라지는 경우도 있답니다.

현무암질 용암은 이산화규소(SiO_2) 성분의 함유량이 적은 용암으로, 검은색을 띠며 온도가 높고 점성이 낮아 유동성이 큽니다. 이 때문에 조용히 분출하여 경사가 완만한 순상 화산이나 용암 대지를 형성하게 됩니다. 반면 상대적으로 SiO_2의 성분이 많은 유문암질 용암은 점성이 크고 휘발 성분이 많아 폭발적으로 분출하여 경사가 급한 종상 화산을 만듭니다.

지하에서 생성되는 마그마는 지구 내부에서 지각 하부나 맨틀 물질이 녹아서 생성된 용융 상태의 물질입니다. 그럼 지구 내부에 항상 마그마가 존재하고 있을까요? 그 대답은 "NO!"입니다. 마그마는 지하의 특정한 지역에서 특정한 조건이 맞아야 생성될 수 있습니다.

지구는 표면에서 지구 내부로 깊이 들어갈수록 온도가 상승하며 압력도 함께 상승합니다. 정상적인 상태에서는 지각이나 맨틀 물질이 녹아서 마그마가 될 수 없습니다. 당연히 지구 내부의 온도와 압력 조건이 암석의 녹는점보다 높아야 마그마가 생성될 수 있겠지요.

해령에서는 뜨거운 맨틀 물질이 지표 가까이 상승하면 압력은 빠르게 감소하지만 온도는 서서히 낮아지기 때문에 부분 용융이 발생합니다. 이때는 현무암질 마그마가 생성됩니다. 맨틀 물질이 상승하는 열점에서도 맨틀 물질이 상승하면서 압력이 감소하여 부분 용융이 일어나 현무암질 마그마가 생성됩니다.

섭입대에서는 해양 지각과 해양 퇴적물이 섭입하면서 온도와 압력이 높아져 섭입하던 물질에 포함된 물이 방출됩니다. 이 물은 맨틀에 공급되어 용융점을 낮추고 맨틀의 부분 용융을 일으켜 현무암질 마그마를 만듭니다. 이 이야기를 그래프에 적용해서 다시 설명해 볼 게요.

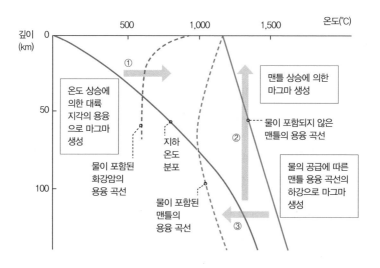

①은 지구 내부의 온도가 상승하게 되어 물이 포함된 화강암의 용융 곡선과 대륙 지각의 온도 곡선이 만나게 되는 경우입니다. 이 경우에는 안산암질(유문암질) 마그마가 생성됩니다. ②와 같은 그래프는 압력이 감소하여 지구 내부의 온도 곡선이 맨틀의 용융 곡선과 만나게 되는 겁니다. 이때는 현무암질 마그마가 생성될 수 있습니다. ③의 과정에서는 물이 공급되어 맨틀의 용융 곡선이 변화되고 현무암질 마그마가 생성됩니다.

지구 내부에서 생성된 마그마가 지표 부근이나 지하에서 식어서 만들어지는 암석이 화성암입니다. 화성암은 화학 성분에 따른 색깔과 조직 등에 따라 분류합니다.

지각 하부나 맨틀에서 생성된 마그마가 지구 내부의 균열을 따라 지표까지 흘러나와 냉각되어 굳어지면 화산암, 마그마가 지표까지 도달하지 못하고 지각 내에서 굳어진 암석은 심성암이라고 분류합니다. 화산암은 지표로 분출된 마그마가 비교적 빠르게 식어 굳어지기 때문에 분출 시에 용암류로 흐르며 용암대지를 형성합니다. 냉각 속도가 빨라 광물 결정이 크지 못하기 때문에 세립질 조직이나 유리질 조직을 나타냅니다. 반면에 심성암은 마그마가 지하 깊은 곳에서 굳어진 것으로 관입암이라고도 하는데, 천천히 냉각되는 과정에서 결정이 크게 형성하여 조립질의 암석이 됩니다.

SiO_2의 함량에 따른 화학 조성으로 염기성암, 중성암, 산성암으로도 분류합니다. 염기성암은 감람석, 휘석, 각섬석 등의 어두운색 광물의 함량이 많고, 산성암은 사장석, 정장석, 석영 등의 밝은색 광물의 함량이 많아 밝은색을 띠게 됩니다.

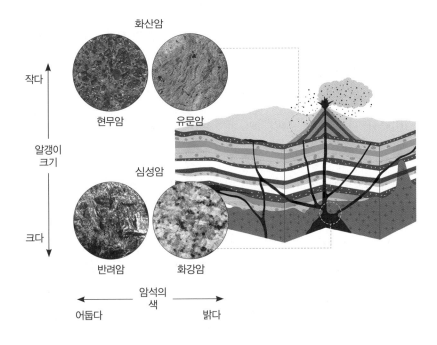

화산암

작다

알갱이
크기

현무암   유문암

심성암

크다

반려암   화강암

암석의
색

어둡다   밝다

    그렇다면 한반도에도 화성암이 많이 분포하고 있을까요? 한반도는 오랜 지질시대를 거쳐 오면서 대륙이 이동하였고, 그 과정에서 수많은 지각 변동을 받아 다양한 암석이 분포하고 있습니다. 선캄브리아 시대의 암석은 변성암, 고생대의 암석은 퇴적암, 중생대의 암석은 화강암, 신생대의 암석은 현무암이 주를 이루고 있으니 무척 다양한 암석이 분포하고 있다고 할 수 있습니다.

    특히 한반도는 화강암의 나라라고 해도 과언이 아닐 정도로 많은 화강암이 분포하고 있습니다. 대부분의 화성암은 중생대의 지각 변동을 통해 생성된 마그마가 지하 깊은 곳에서 천천히 식어서 형성된 후 융기하여 지표로 드러난 것입니다. 이들이 오랜 세월 동안 다양한 풍화 작용을 받은 결과, 북한산, 설악산, 계룡산, 불암산 등 우리에게 친숙하고 아름다운 모습으로 유명한 산들을 형성하게 되었습니다.

현무암은 염기성암이면서 결정의 크기가 작은 화산암의 대표적인 암석으로, 해양 지각의 주성분입니다. 우리나라의 제주도뿐만 아니라 전 세계적으로도 유명한 하와이나 아이슬란드와 같은 화산섬을 이루는 주요 암석이지요. 우리나라에도 여러 지역에 현무암이 분포하고 있습니다. 제주도가 워낙 유명하긴 하지만, 제주도 외에도 울릉도, 독도, 한탄강 일대에 이러한 현무암이 많이 분포하고 있답니다.

- **대륙이동설**

  베게너의 이론. 원래 하나의 대륙인 판게아가 분리되어 이동하여 현재의 모습을 하게 되었다.

- **맨틀대류설**

  맨틀 내에서 대류가 일어나 대륙이 이동할 수 있었다. 대륙이 이동할 수 있는 이유는 맨틀 상하부의 온도 차에 의해 맨틀이 대류하기 때문이다.

- **해저확장설**

  해령에서 솟아오른 뜨거운 맨틀 물질에 의해 새로운 해양 지각이 생성되어 양옆으로 이동하고 해구에서 소멸한다.

- **판구조론**

  지구의 표면은 크고 작은 여러 개의 판으로 구성되어 있으며 판이 이동하는 과정에서 갈라지고, 충돌하고, 섭입하고, 엇갈리는 등 다양한 경계면의 특성에 따라 여러 종류의 지각 변동이 일어난다.

• 고지자기와 대륙 분포

지질시대에 생성된 암석에 기록되어 있는 잔류자기를 측정하여 지질시대 동안 자북극이 이동한 경로를 비교하면 대륙이 이동해 간 경로를 알 수 있으므로, 과거의 대륙 분포를 알아낼 수 있다.

• 맨틀 대류와 판구조론

지각의 암석권 바로 아래인 상부 맨틀에는 온도가 물질의 용융점에 달해 부분적으로 녹아 유동성을 띠는 영역인 연약권이 있다. 온도가 높은 맨틀 물질은 상승하고, 낮으면 하강하며 대류 현상이 발생한다. 맨틀 위의 암석권인 판이 이동하면서 그 경계 부분에서 다양한 지각 변동이 일어난다.

• 플룸구조론

지구 내부의 온도 차이에 의해서 밀도 변화가 생기면 고온의 맨틀 물질은 상승하고 저온의 맨틀 물질은 하강한다. 해구에서 섭입하는 물질이 상부 맨틀과 하부 맨틀의 경계 부근에서 쌓여 있다가 가라앉으면서 차가운 플룸을 형성한다. 차가운 플룸이 핵과 맨틀의 경계에 도달하면 온도 분포가 불안정해지면서 뜨거운 플룸이 생성되어 상승하게 된다. 플룸 상승류가 지표면과 만나는 지점의 아래, 마그마가 생성되는 곳이 열점이다.

• 화산대와 지진대

화산대란 화산이 밀집한 지역으로, 대표적인 화산대는 환태평양 지역이다. 지진대는 지진이 자주 발생하는 띠 모양의 지역으로, 환태평양 지진대, 중앙 해령 지진대, 알프스-히말라야 지진대 등이 있는데, 화산대와 지진대 이 두 지역은 거의 일치한다.

• 마그마의 생성

일반적으로 지하에서 마그마가 생성되지 않지만, 온도의 상승, 압력의 감소, 물의 공급 등이 일어나면 마그마가 생성될 수 있다. 마그마는 SiO_2의 함량에 따라 현무암질, 안산암질, 유문암질 마그마로 분류한다. 해령이나 섭입대에서는 현무암질 마그마가, 지각의 하부에서는 안산암질 마그마가 생성되며, 판의 내부인 열점에서는 현무암질 마그마가 생성된다.

• 화성암

마그마가 지각 내부나 지표 부근에서 굳어져 만들어진 암석
이다. 조직에 따라 화산암과 심성암으로 분류하는데, 화산암
은 마그마가 지표로 분출되어 빠르게 냉각되어 형성된 암석
이며 심성암은 마그마가 지하 깊은 곳에서 천천히 냉각되어
형성된 암석이다. 화성암의 또 다른 분류 방법은 화학 조성에
의한 방법이다. 현무암질 마그마가 냉각된 염기성암, 안산암
질 마그마가 냉각된 중성암, 유문암질 마그마가 냉각된 산성
암으로 분류한다.

01 다음은 판 구조론이 정립되는 과정에서 제시된 학자들의 의견을 순서 없이 나타낸 것이다.

(가) 해령을 중심으로 해양 지각이 양쪽으로 이동한다고 주장하였다.

(나) 방사성 원소가 붕괴하여 생성된 열로 맨틀이 대류한다고 주장하였다.

(다) 과거에 하나였던 대륙이 분리되고 이동하여 현재와 같은 수류 분포를 이루었다고 주장하였다.

이에 대한 설명으로 옳은 것을 〈보기〉 중에서 있는 대로 고른 것은?

〈보기〉

ㄱ. (가)는 헤스와 디츠가 주장한 학설이다.

ㄴ. 학설이 제시된 순서는 (가)-(나)-(다)이다.

ㄷ. (나)의 학설은 훗날 (다)의 학설을 지지할 수 있는 역할을 하게 된다.

---

① ㄱ　　② ㄴ　　③ ㄱ, ㄷ　　④ ㄴ, ㄷ　　⑤ ㄱ, ㄴ, ㄷ

02 다음 그림은 플룸구조론의 모식도 중 일부를 나타낸 것이다. A와 B
는 각각 뜨거운 플룸과 차가운 플룸 중 하나이다.

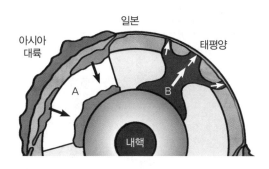

이에 대한 설명으로 옳은 것만을 〈보기〉에서 있는 대로 고른 것은?

〈보기〉

ㄱ. 차가운 플룸은 맨틀과 외핵의 경계까지 이동한다.

ㄴ. 지진파의 속도는 A가 B보다 빠르다.

ㄷ. A에 의해 열점이 형성된다.

① ㄱ   ② ㄷ   ③ ㄱ, ㄴ   ④ ㄴ, ㄷ   ⑤ ㄱ, ㄴ, ㄷ

03 다음 그림은 화강암 및 맨틀의 용융 곡선과 지하의 온도 분포를 나타낸 것이다.

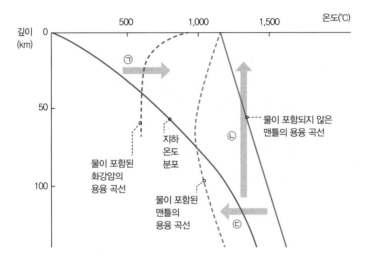

㉠, ㉡, ㉢ 상황에서 마그마가 생성되는 과정과 종류에 대해서 서술하시오.

1. **(가)는 헤스와 디츠가 주장한 해저확장설, (나)는 홈즈가 주장한 맨틀 대류설, (다)는 베게너의 대륙이동설입니다.**

ㄱ. (가)는 헤스와 디츠가 주장한 해저확장설입니다. **따라서 맞는 보기 입니다.**

ㄴ. 학설이 제시된 순서는 (다)-(나)-(가)의 순서입니다. **따라서 틀린 보기입니다.**

ㄷ. 베게너가 주장한 대륙이동설에서 대륙이 이동할 수 있는 원동력을 설명하지 못했는데 홈즈는 맨틀 상하부의 온도 차이로 맨틀이 대류 할 수 있다는 이론을 제시함으로써 대륙이 이동할 수 있는 힘을 제시 하게 됩니다. **따라서 맞는 보기입니다.**

∴ **정답은 ③입니다.**

2. A는 차가운 플룸, B는 뜨거운 플룸입니다.

ㄱ. 차가운 플룸은 주로 해구에서 섭입하는 물질이 상부 맨틀과 하부 맨틀의 경계 부근에 쌓여 있다가 가라앉으면서 생성되고, 맨틀과 외핵의 경계에 도달합니다. **따라서 맞는 보기입니다.**

ㄴ. 플룸의 상승류가 있는 곳은 주변의 맨틀보다 온도가 높으므로 지진파의 속도가 느리게 됩니다. **따라서 맞는 보기입니다.**

ㄷ. 열점은 플룸 상승류가 지표면과 만나는 지점 아래에 마그마가 생성되는 곳입니다. **따라서 틀린 보기입니다.**

∴ **정답은 ③입니다.**

3. ㉠의 상황은 지구 내부의 온도가 상승하여 물이 포함된 화강암의 용융 곡선과 대륙 지각의 온도 곡선이 만나는 상황에서 안산암질(유문암질) 마그마가 생성되는 상황입니다.

㉡은 압력의 감소로 지구 내부의 온도 곡선이 맨틀의 용융 곡선과 만났을 때 현무암질 마그마가 생성되는 과정입니다.

㉢은 물이 공급되어 용융 곡선의 위치가 변화될 때 현무암질 마그마가 생성되는 상황입니다.

지구의 역사

이 글을 읽고 있는 여러분의 나이는 몇 살인가요? 이 세상에 태어난 그 날을 혹시 기억하고 있는 사람이 있을까요? 유난히 기억력이 좋은 사람이라 하더라도 자신이 태어난 날의 상황을 기억하고 있는 사람은 아마 없을 겁니다.

그렇다면 지구는 언제 어떻게 태어났을까요? 그리고 그 이후 지구에는 어떤 일들이 일어나고, 또 어떤 생명체들이 태어나 살아가다 죽어 갔을까요?

지금 이 순간에도 이러한 지구의 비밀을 밝히고자 연구하는 많은 과학자가 있습니다. 또한 아주 오래전부터 이 비밀을 밝히기 위해 자신의 일생을 보낸 과학자도 많이 있었을 겁니다.

그럼 이제부터 지구의 역사에 대해 한번 알아보기로 해요.

화석으로 알아보는 지질시대

선캄브리아대

스트로마톨라이트

주로 남세균 군락이 광합성을 하면서 서식하다가 죽은 뒤 퇴적물과 함께 뒤섞여 만들어진 침전물로, 지금도 호주 서부의 바다에서 형성되고 있다.

고생대

삼엽충

고생대 전기에 번성하였다가 후기에 서서히 줄어들어 페름기 말에 멸종하였다. 삼엽충의 쇠퇴가 어류의 번성과 같은 시기에 이루어지는 것으로 보아, 삼엽충이 어류의 먹이가 된 것으로 추정한다. 몸은 납작하고 1~10cm인 것이 보통이며, 유럽의 오르도비스기 지층에서 70cm에 달하는 것도 발견되었다.

갑주어

오늘날 어류의 조상이자 척추동물이다. 고생대 오르도비스기에 바다에 나타나 데본기에 번성하였다가 데본기 말에 멸종하였다. 단단한 외골격을 가져 갑주어라고 불린다고 하지만 대부분은 물밑에서 생활하는 작은 물고기였다고도 한다.

브론토 스콜피언

실루리아기에 서식했던 거대 전갈로, 그 크기가 1m나 되었으며 가장 먼저 육지에 진출한 생명체라고 한다. 물과 땅에서 모두 살 수 있었다고 한다.

중생대

암모나이트

고생대 말에 등장해 중생대에 번성한 무척추동물이다. 대부분 육식을 한 것으로 추정되며 작게는 2cm에서 크게는 최고 지름이 2m에 이르는 등 다양한 크기를 가진 연체동물이다.

공룡

중생대 지구를 지배했던 파충류의 한 분류로, 지질시대 육상 동물 중에서 가장 거대한 동물일 것이다. 트라이아스기 후기에 출현하여 백악기 말기에 멸종된 것으로 추정된다.

신생대

화폐석

신생대 팔레오세에 출현하여 올리고세에 멸종되었다. 껍데기의 외형과 크기가 화폐와 비슷해서 이런 이름이 붙여졌다고 한다. 수 mm~10cm 정도의 크기의 해양 동물이다.

매머드

플라이스토세인 약 480만 년 전부터 약 4천 년 전까지 존재했다가 멸종한 포유류. 코와 엄니가 길었으며 몸에 난 긴 털이 특징이다. 마지막 빙하기에 멸종된 것으로 추정되며, 빙하나 영구동토층에서 동결건조된 미라의 형태로 산출되기도 한다.

Chapter

1

퇴적암과 지질 구조

1

퇴적암

여러분이 엄마의 배 속에 있을 때의 사진을 본 적이 있나요? 아니면 아주 어릴 적 사진은 어떤가요? 사진에 등장하는 자신의 옛 모습을 보면 묘한 기분이 들기도 할 거예요.

그럼 지구의 옛 모습은 어떨까요? 사진 기술이 발명되기 훨씬 오래전에 태어난 지구의 옛 모습이 궁금하지 않나요? 아쉽게도 사진은 없지만, 다행히 지구의 옛 흔적들을 간직한 암석과 지층이 남아 있답니다.

퇴적암은 지표의 암석이 풍화와 침식 작용을 받아 생성된 쇄설물, 호수나 바다에 녹아 있는 물질, 생물의 유해 등이 쌓인 퇴적물 등이 다져지고 굳어져서 생성된 암석입니다. 퇴적물이 물리적, 화학적, 생화학적 변화를 받아 퇴적암이 되기까지는 여러 과정을 거쳐야 하는데, 이 과정을 속성 작용이라고 합니다.

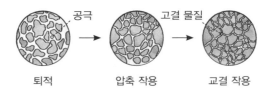

퇴적   압축 작용   교결 작용

속성 작용에는 압축 작용과 교결 작용이 있습니다. 압축 작용은 퇴적물이 점점 쌓이면서 아랫부분의 퇴적물이 압력을 받아, 사이에 있던 물이 빠져나가고 입자들 사이의 공극이 줄어들면서 치밀하고 단단하게 되는 작용입니다. 교결 작용은 퇴적물 속의 수분이나 지하수에 녹아 있던 탄산 칼슘, 규산염 물질 등이 침전되면서, 퇴적물 입자 사이의 간격을 메우고 입자들을 서로 붙여 주는 작용입니다.

속성 작용을 거쳐 완성된 퇴적암은 퇴적물의 기원에 따라 쇄설성 퇴적암, 화학적 퇴적암, 유기적 퇴적암으로 분류합니다. 쇄설성 퇴적암은 기존의 암석이 풍화와 침식을 받아 생성된 점토나 모래, 자갈 등이 운반된 후 쌓여 생성된 것이며, 화학적 퇴적암은 호수나 바다 등에서 물에 녹아 있던 물질이 화학적으로 침전하거나 물이 증발하면서 침전하여 생성된 암석입니다. 동식물이나 미생물의 유해가 쌓여 생성된 암석을 유기적 퇴적암이라고 하는데 석탄, 석회암, 처트 등이 이에 해당합니다.

쇄설성 퇴적암
- 역암 (자갈 + 모래 + 점토)
- 사암 (모래 + 점토)
- 셰일 (점토)
- 응회암 (화산재 + 화산진)

화학적 퇴적암
- 암염
- 석고

유기적 퇴적암
- 석회암
- 처트

퇴적 구조

오랜 시간 동안 다양한 환경에서 다양한 물질들이 퇴적암을 생성하는 만큼, 퇴적암에서만 나타나는 특징적인 구조가 있습니다. 그 구조를 살펴보면 암석이 생성되던 과거의 환경을 유추해낼 수 있겠지요? 퇴적암의 대표적인 구조를 함께 살펴볼게요.

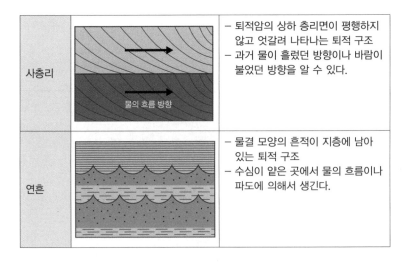

사층리		– 퇴적암의 상하 층리면이 평행하지 않고 엇갈려 나타나는 퇴적 구조 – 과거 물이 흘렀던 방향이나 바람이 불었던 방향을 알 수 있다.
	물의 흐름 방향	
연흔		– 물결 모양의 흔적이 지층에 남아 있는 퇴적 구조 – 수심이 얕은 곳에서 물의 흐름이나 파도에 의해서 생긴다.

점이층리		- 퇴적물의 입자가 아래에서 위로 갈수록 점점 작아지는 구조 - 퇴적 환경이 깊은 호수나 바다임을 알 수 있다.
건열		- 지층의 표면에 갈라진 틈이 나타나는 구조 - 점토와 같이 입자가 매우 작은 퇴적물이 건조한 환경에 노출되었을 때 생긴다.

우리나라의 퇴적 지형

오랜 역사를 지닌 우리나라에는 많은 퇴적 지형이 있습니다. 한반도가 형성되는 과정에서 일어났던 크고 작은 사건들의 역사가 지층과 암석에 남겨져 있답니다. 그 과정에서 형성된 아름다운 경관은 말할 필요도 없겠지요? 한반도의 대표적인 아름다운 퇴적 지형의 특징을 살펴볼까요?

- **전북 부안 채석강**
  - 중생대 말기에 형성되었다.
  - 주로 역암과 사암으로 구성되었다.
  - 습곡과 단층이 나타난다.

- **경남 고성군 덕명리**
  - 중생대 말기에 형성되었다.

- 주로 사암과 셰일로 구성되었다.
- 연흔과 건열이 나타난다.
- 공룡 발자국과 새 발자국 화석이 발견된다.

- **경기 화성시 시화호**
  - 중생대 말기에 형성되었다.
  - 주로 역암, 사암으로 구성되었다.
  - 다량의 공룡알 화석과 공룡 뼈 화석이 발견된다.

- **제주도 한경면 수월봉**
  - 신생대에 형성되었다.
  - 화산 활동으로 인한 화산쇄설물로 구성되었다.
  - 층리가 발달되어 있다.

Chapter
2

지질 구조

1

습곡

지질 구조라 함은 지각을 이루고 있는 암석이나 지층의 구조와 그 상호 관계로 정의하지만, 지각 변동이 일어나면서 암석이나 지층이 변형된 상태를 말하기도 합니다. 여러분도 야외 활동을 나갔을 때 눈여겨 살펴본다면 이러한 구조들을 발견할 수도 있답니다.

수평으로 쌓인 지층이나 암석이 지하 깊은 곳에서 횡압력을 받아 휘어진 구조를 습곡이라고 합니다. 층을 이루고 있다면 그렇지 않은 것보다 잘 보이겠지만 층을 이루지 않아도 휘어져 있으면 습곡에 해당합니다. 습곡 구조에서 가장 많이 휘어진 부분을 습곡축이라 하며, 습곡축 양쪽의 경사면을 날개, 위로 볼록한 부분을 배사, 아래로 볼록한 부분을 향사라고 합니다.

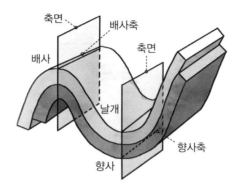

습곡은 날개의 경사각과 방향에 따라 크게 정습곡, 경사습곡, 등사습곡, 횡와습곡 네 가지 형태로 분류해 볼 수 있습니다.

정습곡
축면이 수직이고 두 날개는 반대 방향의 같은 각도로 기울어진 습곡

경사습곡
축면이 수직이 아닌 습곡

등사습곡
축면과 두 날개의 경사 방향이 같은 습곡

횡와습곡
축면이 거의 누워 있는 습곡

단층

지각을 이루고 있는 지층이나 암석이 외부의 힘을 받아 어떤 면을 따라 끊어져 어긋난 구조를 단층이라고 합니다. 이때 끊어진 사이의 면은 단층면이 됩니다. 단층면을 경계로 그 윗부분을 상반, 아랫부분을 하반이라고 정의하며 이 상반과 하반의 위치에 따라 단층의 종류를 구분해 볼 수 있습니다.

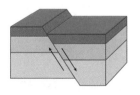 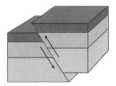 

정단층
장력을 받아
상반이 하반보다
아래로 내려간 단층

역단층
횡압력을 받아
상반이 하반보다
위로 올라간 단층

주향이동단층
단층면을 따라
상반과 하반이
수평 방향으로 이동한 단층

부정합

부정합은 정합과 상반되는 표현으로, 지질 구조가 연속적으로 나타나지 않고 오랜 시간의 단절이 있은 이후 퇴적된 지질 구조에 대한 표현입니다. 퇴적이 일어난 후 오랜 시간 동안 퇴적이 중단되었다가 다시 그 위에 퇴적이 일어났다는 말은 그 사이에 많은 일이 일어났을 가능성이 있다는 뜻이겠지요? 그동안 많은 시간이 흘렀을 것이고요. 그래서 이러한 불연속적인 상하 두 지층 사이의 관계를 부정합이라고 합니다. 부정합은 지질 구조의 불연속뿐만 아니라 시간의 불연속을 의미하게 됩니다.

다음의 그림을 참고하면서 부정합의 형성 과정을 살펴보겠습니다.

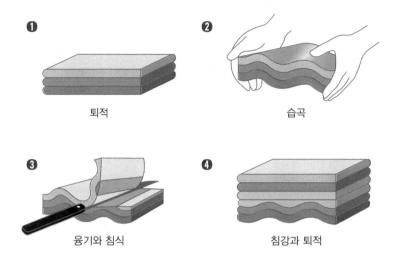

❶ 퇴적

❷ 습곡

❸ 융기와 침식

❹ 침강과 퇴적

　지층이 퇴적된 후 횡압력을 받으면 습곡 구조를 이루게 됩니다. 이후 이 지층이 융기하게 되면 침식을 받게 되겠지요. 침식을 받아 습곡 구조의 일부가 깎여 나갑니다. 이 지층이 침강하고 침강된 지층 위로 새로운 지층이 쌓이면, 위와 아래 지층 사이의 경계면이 부정합면이 됩니다. 실제로 이런 일이 일어나려면 많은 지질학적 사건이 일어나면서 오랜 시간이 경과해야 하겠지요.

　부정합면을 경계로 위 지층과 아래 지층의 관계에 따라 부정합의 종류를 다음과 같이 분류할 수 있습니다.

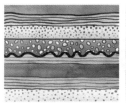  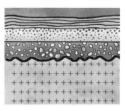

평행 부정합

부정합면을 경계로
상하 지층이 평행한
부정합

경사 부정합

부정합면을 경계로
상하 지층이 경사진
부정합

난정합

부정합면 아래에
층리가 없는 화성암이나
변성암이 있는 부정합

4

절리

절리는 암석에 생긴 틈이나 균열을 말하며, 단층과는 다르게 이러한 틈을 따라 암석이 이동하지 않습니다. 절리는 지각 변동에 의해 암석에 압력이 가해지거나, 화성암이 생성되는 과정에서 냉각되고 수축되면서 암석에 틈이나 균열이 생기며 발달하게 됩니다.

주상 절리는 지표로 분출된 용암이 냉각되고 수축되는 과정에서 부피가 수축하여 형성됩니다. 단면이 오각형이나 육각형 모양의 긴 기둥을 이루고 있지요. 화산암에서 잘 나타납니다.

판상 절리는 지하 깊은 곳에 있던 암석이 융기할 때 압력의 감소로 부피가 팽창하여 형성됩니다. 얇은 판 모양으로 표면부터 양파껍질처럼 벗겨지면서 형성되는데, 심성암에서 잘 나타납니다.

주상절리

관입과 포획

　지하에서 마그마가 기존 암석의 약한 틈을 뚫고 들어가 화성암으로 굳어지는 과정을 관입이라고 하며 이러한 과정에 형성된 암석을 관입암이라고 합니다. 마그마가 관입할 때 주변 암석의 일부를 완전하게 녹이기도 하지만 마그마 속에 암석의 일부가 남기도 합니다. 이러한 포획 과정을 통해 형성된 암석을 포획암이라고 하며, 주변 암석과 완전히 다른 성질을 가지고 있어 구별하기가 쉽고 크기가 매우 다양합니다.

관입암

포획암

Chapter 3

지층의 생성 순서

1

지사학의 법칙

    언어는 나라마다 다르지만, 어떤 특정 문자나 그림으로 의사소통이 될 때가 있지요. 비상구를 가리키는 간단한 그림이나, 화장실을 표시하는 그림은 나라마다 그 모양이 다양하지만 어느 정도 의미를 알 수 있도록 표시되어 있습니다.

    영어나 일본어 등 외국어 문장은 그 문장의 뜻을 파악하기 위해 단어를 풀이하는 순서가 있습니다. 앞에서부터 차례대로 단어를 해석해도 상관없을 때도 있지만, 문법적으로 주어나 동사 등 순서를 맞춰 해석하면 그 뜻이 정확하게 전달됩니다.

    지층이나 암석에 남겨진 과거의 흔적들을 해석해서 지구의 역사를 밝혀 나가는 과정에도 몇 가지의 간단한 법칙들이 있는데, 이를 지사학의 법칙이라고 합니다.

2

수평 퇴적의 법칙

여러분도 무엇인가를 차곡차곡 쌓아 본 적이 있을 것입니다. 바닥이 반듯하다면 무엇인가를 층층으로 쌓기 편하겠지만, 바닥이 울퉁불퉁하거나 경사져 있다면 쌓아 올리기 어려울 것입니다.

지표면에 지층이 쌓일 때 대부분은 수평으로 쌓입니다. 현재 보이기에 경사진 방향으로 퇴적되어 있는 층이라도 처음 퇴적될 당시에는 수평으로 퇴적되었으며, 이후 다양한 지질학적 사건들을 통해 기울어진 현재의 모습을 하게 되었다고 해석하는 법칙이 수평 퇴적의 법칙입니다.

지층 누중의 법칙

우리가 무엇인가를 쌓는 상황을 가정했을 때, 당연히 아래쪽부터 쌓아가기 시작하겠지요. 지층 또한 퇴적될 때 아래쪽부터 퇴적되기 시작합니다. 지구상의 모든 물체는 중력의 영향을 받고 있으니까요. 따라서 지층의 위아래가 뒤집힐 수 있는 사건이 일어나지 않았다면, 아래쪽에 퇴적된 지층이 위쪽보다는 먼저 퇴적된 층이고 더 오래된 지층일 것입니다.

지층이 뒤집힐 수 있는 과거 상황을 판단해 보기 위해서는 사층리, 점이층리, 연흔, 건열 등의 지질 구조나 퇴적층에서 산출된 화석을 이용하면 지층이 역전되었는지 여부를 판단할 수 있습니다.

4

동물군 천이의 법칙

멀리 떨어져 있는 지역에서 같은 화석이 발견된다면 두 지층은 같은 시대의 지층이라고 판단할 수 있습니다. 물론 모든 화석에 다 적용되는 것은 아닙니다. 특정 시대를 대표할 수 있는 특징을 지닌 화석들을 참고해야 합니다. 또한 지층이 퇴적되어 있을 때 오래된 지층에서 새로운 지층으로 갈수록 생물은 더욱 진화된 형태의 화석으로 발견됩니다. 이러한 화석에서 발견되는 진화의 정도를 보면 지층의 선후 관계를 파악할 수 있겠지요?

이처럼 화석으로 시대를 판단하거나 선후 관계를 파악하는 데 적용하는 법칙이 동물군 천이의 법칙입니다. 만일 그 화석이 동물이 아니라 식물이라면 식물군 천이의 법칙이라고 적용해 봐도 괜찮을 것 같지요?

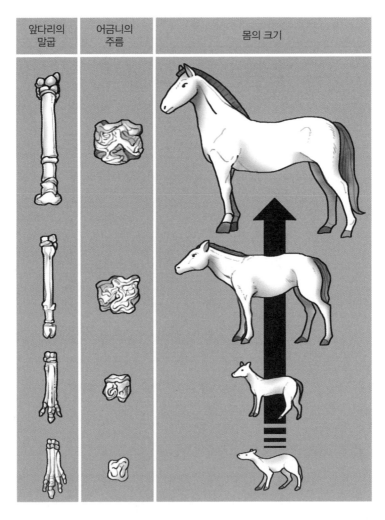

앞다리의 말굽	어금니의 주름	몸의 크기

화석을 통해 확인할 수 있는 말의 진화

발가락 수는 점차 줄어들었고, 어금니의 크기는 커지고 주름이 많아졌으며,
몸의 크기 역시 커지는 방향으로 진화했음을 알 수 있다

부정합의 법칙

앞에서 부정합이라는 지질 구조에 대해 살펴보았습니다. 지층이 퇴적되고 융기와 침식을 겪은 후 다시 침강하여 그 위에 퇴적이 이루어져야 부정합면이 생길 수 있다는 것을 기억할 수 있을 겁니다. 이렇듯 부정합면이 나타나는 곳의 위와 아래의 지층 사이에는 큰 시간적 간격이 존재한다고 해석할 때 적용하는 법칙이 부정합의 법칙이에요.

부정합면은 알아보기 쉽게 나타나기도 하지만 판단하기 어려운 경우도 많이 있습니다. 부정합면 위에는 지층이 융기하고 풍화와 침식을 받으면서 잘게 부서진 후, 다른 지역으로 이동하지 않고 그 침식면 위에 남겨진 풍화의 산물인 퇴적물들이 존재하기도 합니다. 이러한 퇴적물들을 기저역암이라고 하는데, 부정합면은 이 기저역암의 아래쪽 지층 경계면이라고 판단하면 좀 더 알아보기 편하겠지요?

부정합면

6

관입의 법칙

관입도 앞에서 공부한 내용입니다. 마그마가 주변의 암석을 뚫고 들어가서 화성암이 형성되는 경우, 관입을 당한 지층이나 암석은 관입을 한 마그마보다는 먼저 생성되어 있겠지요. 그 이후에 그 암석이나 지층을 뚫고 들어간 마그마가 굳은 화성암이 만들어졌을 테니까요. 관입이라는 현상을 보고 주위 암석와의 선후 관계를 적용할 때 사용하는 법칙을 관입의 법칙이라고 합니다.

이 경우에는 아래에 있는 지층이라고 해도 위에 있는 지층보다 더 나중에 형성될 가능성도 있기 때문에 누중의 법칙이 적용되지 않습니다. 상황에 따라서 더 적절한 법칙을 적용해서 해석하는 것이 중요하다고 할 수 있습니다.

Chapter

4

지질 연대

상대 연령

우리는 주위에서 실제 나이보다 훨씬 더 젊어 보이는 사람들을 만나곤 합니다. 물론 반대의 경우도 있지만요. 실제 나이를 가늠하는 방법에는 어떤 것들이 있을까요? 주름살, 피부의 탄력 정도, 흰 머리, 체형 등 세월이 흐름에 따라 사람들은 나이의 흔적이 몸에 조금씩 나타나게 됩니다. 그렇다면 암석은 어떨까요? 마그마로부터 암석으로 굳어진 이후 암석은 어떤 변화를 겪었을까요? 또한 암석의 나이는 어떻게 측정할 수 있는 것일까요?

다음 사진 속 가족의 모습을 같이 봅시다. 이들은 각각 몇 살일까요? 겉모습만으로 나이를 정확하게 맞출 수 있을까요? 겉으로 보이는 모습만으로 이들의 나이를 정확하게 맞추기는 매우 어려운 일일 겁니다.

그렇다면 이들 중 가장 나이가 어린 사람이나 나이가 가장 많은 사람을 맞춰 보는 것은 어떨까요? 정확한 나이를 맞추는 것보다는 좀더 쉽지 않나요?

암석의 경우에도 비슷합니다. 암석이 생성된 후 지금까지 어느 정도의 시간이 경과했는지 알아내는 방법은 **절대 연령**이라 하고, 상대적인 순서만 결정하는 것은 **상대 연령**이라 합니다. 먼저 상대 연령부터 함께 알아보기로 해요.

지층의 상대 연령을 판단하는 방법으로는 앞에서 언급했던 지사학의 법칙을 적용하는 방법이 있습니다. 그렇다면 여러 가지 지사학의 법칙 중 어떤 법칙이 적용될까요? 다음 지층 단면도를 보면서 설명해 보겠습니다.

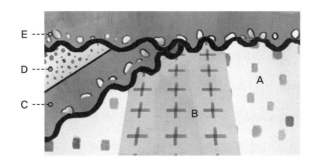

A층 위로 B층이 관입한 것이 보이나요? 그러므로 A층은 B층보다 먼저 생성된 것이라고 해석할 수 있어요. 여러분은 벌써 관입의 법칙을 적용한 것이랍니다. 실력이 좋군요!

C층 위로는 D층이 놓여 있으니까 C보다는 D층이 새로운 층이 되겠네요. 이건 누중의 법칙을 적용해서 해석한 것이 되겠죠?

다음으로는 B와 C층 사이에 놓여 있는 부정합면이 보일 것입니다. 기저 역암도 보이는군요. 이는 두 지층 사이에 오랜 시간 간격이 있다는 의미가 됩니다. 바로 부정합의 법칙을 적용한 것이랍니다.

C와 D층 위로는 E층이 놓여 있습니다. 물론 가장 나중에 퇴적된 층이겠지요. 다시 누중의 법칙을 적용해 해석했습니다. 또 부정합면이 보이므로 C와 D층이 퇴적된 후 지각 변동이 있었을 것 같지요? 그 후 상당한 시간이 흐른 뒤 E층이 퇴적된 것으로 보이네요.

마지막으로 정리를 하자면 'A 퇴적 → B 관입 → 부정합면 형성 → C 퇴적 → D 퇴적 → 부정합면 형성 → E 퇴적'이라는 사건을 유추해 볼 수 있습니다.

지층의 상대 연령을 결정하는 또 다른 방법은 지층의 대비입니다. 지층에 남겨져 있는 힌트가 되는 특징을 비교해서 선후 관계를 밝히는 방법인데, 암상과 화석을 이용합니다. 암상이란 암석이 생성되는 환경에 따라 나타나는 암석의 성분, 조직, 색깔 등의 일반적인 특징으로, 비교적 가까운 거리에 있는 지층의 대비에 이용됩니다.

응회암층이나 석탄층과 같은 층은 지층의 순서를 결정하는 문제 해결의 열쇠가 된다는 의미로 열쇠층(건층)이라고 불리는데, 비교적 짧은 시기 동안 퇴적되며 넓은 지역에 분포하는 지층이라면 좋은 단서를 제공하는 열쇠층의 자격을 가질 수 있겠습니다.

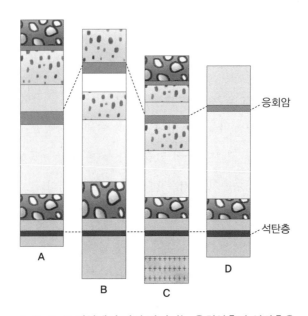

A, B, C, D 지역에서 각각 발견되는 응회암층과 석탄층은
같은 시대에 퇴적된 것으로 해석하여 지층의 순서를 결정할 수 있다.

열쇠층 외에도 화석을 이용해서 지층의 대비에 활용하는 경우도 있습니다. 이때 화석은 진화 속도가 빠르거나 비교적 짧은 시기 동안 번성하였던 생물의 화석을 활용합니다. 이러한 화석은 시대를 대표하는 표준화석이라고 할 수 있습니다.

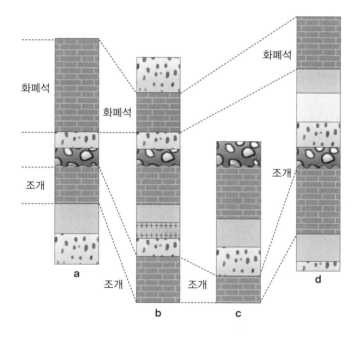

a, b, c, d 지역에서 각각 발견되는 표준화석은
같은 시대에 퇴적된 것으로 해석하여 지층의 순서를 결정할 수 있다.

절대 연령

절대 연령은 암석의 생성 시기나 지질학적 사건의 발생 시기를 수치로 나타내는 것입니다. 지구 역사 수십억 년의 긴 시간 동안 일어난 다양한 사건들을 추정해야 할 텐데, 절대 쉽지는 않겠지요?

그렇다면 절대 연령을 알아내기 위한 방법으로, 방사성 동위 원소를 이용하는 방법을 소개하겠습니다. 방사성 동위 원소란 방사선을 방출하면서 안정한 원소로 변하는 동위 원소를 의미합니다.

원래의 원소를 모원소, 모원소가 붕괴하여 생성된 원소를 자원소라고 부릅니다. 이러한 방사성 동위 원소들은 그 양이 절반으로 줄어드는 데 일정한 시간이 걸립니다. 그 시간을 반감기라고 부르는데, 이 반감기는 외부의 온도나 압력 등 환경 조건에 영향을 받지 않는 일정한 크기이므로 일종의 '자'와 같은 역할을 할 수 있는 것이지요.

반감기가 긴 방사성 동위 원소는 지구의 탄생 시기나 공룡의 멸종 시기와 같은 아주 오래전에 있었던 과거의 지질학적인 사건의 발생

시기에 대한 연구에 활용됩니다. 반대로 반감기가 짧은 방사성 동위 원소는 비교적 가까운 지질시대의 연령을 측정하거나 고고학 연구, 지구 환경의 변화 등을 확인할 때 유용하게 활용되지요.

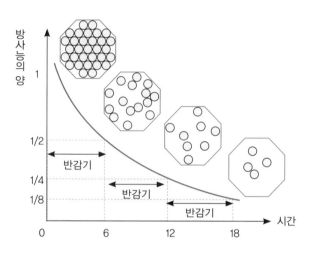

방사성 동위 원소		반감기(년)
모원소	자원소	
^{238}U	^{206}Pb	약 45억
^{235}U	^{207}Pb	약 7억
^{40}K	^{40}Ar	5만~46억
^{87}Rb	^{87}Sr	1천만~46억
^{14}C	^{14}N	100~7만

암석 안에 방사성 동위 원소의 모원소와 자원소가 포함된 양의 비율을 조사해 보면 암석의 절대 연령을 측정할 수 있습니다. 반감기를

한 번 거치면 모원소의 절반인 50%가 자원소로 변화됩니다. 그러므로 암석 안에는 모원소와 자원소가 1/2씩 남아 있게 됩니다. 다시 한 번 반감기를 거치게 되면 남아 있던 모원소의 1/2이 자원소로 변화하므로 처음 암석의 1/4이 모원소, 3/4이 자원소로 구성되겠지요.

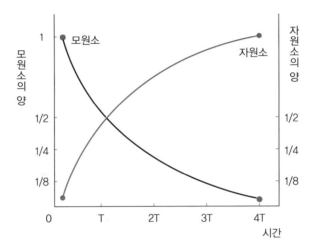

원소와 자원소의 비율을 알게 되면 반감기를 몇 번 거쳤는지 알 수 있게 되고 반감기와 반감기의 횟수를 곱하게 되면 암석의 절대 연령을 구할 수 있습니다. 이를 공식으로 표현해 보면 다음과 같습니다.

$$N = N_0 \times (\frac{1}{2})^{t/T}$$

(N : t년 후 모원소의 양, N_0 : 처음 모원소의 양, T : 반감기, t : 절대 연령)

그렇다면 이러한 방사성 동위 원소로 모든 암석의 연령을 측정할 수 있을까요? 화성암의 경우에는 마그마에서 광물이 생성된 시기를 알아낼 수 있습니다. 변성암은 기존의 암석이 변성 작용을 받아 다른 암석으로 변한 것이기 때문에 변성 작용이 일어난 시기를 알아낼 수 있습니다.

하지만 퇴적암은 상당히 다양한 퇴적물들이 퇴적암을 생성하기 때문에 퇴적암이 만들어진 시기를 알아내는 것은 무척 어렵습니다. 다만 결국 퇴적물의 근원이 되는 암석의 생성 시기를 결정할 수는 있겠습니다.

Chapter 5

화석과 고기후 연구

1

화석

이 넓고 넓은 우주에 지구가 태어난 이후 현재까지 참으로 긴 시간이 지났습니다. 여러분의 어린 시절이 어땠는지 궁금할 때가 있지요? 언제부터 걸음을 떼어 걷기 시작했는지, 어떤 단어를 가장 빨리 말할 수 있었는지, 무엇을 잘 먹었는지…. 부모님께서 여러분의 어린 시절 이야기를 해주시면 재미있는 옛날이야기를 듣는 것처럼 흥미로울 것입니다.

지구의 역사를 연구하는 과학자들도 지구가 살아온 길고 긴 시간 동안 지구에 일어난 모든 것이 궁금할 것입니다. 어떤 사건이 일어났었고, 어떤 생물들이 살았으며, 그들은 왜 멸종하여 사라졌을까요?

과학자들은 이 궁금증을 해결하고자 계속해서 많은 연구를 해오고 있습니다. 이 연구에 가장 도움을 많이 주고 있는 것이 바로 화석입니다. 화석을 이용하면 지층을 대비하거나 지질시대를 구분하는 데 도움을 얻을 수 있고, 고기후 및 과거의 수륙 분포를 추정하고 생물 진화의 정도를 알 수 있으며, 에너지 자원의 탐사에도 이용할 수 있습니다.

화석이란 지질시대에 살았던 생물의 유해나 흔적이 지층 속에 보존되어 있는 것으로, 주로 퇴적암에서 발견됩니다. 공룡의 부활을 주제로 만들어졌던 영화에서는 나무의 진액 속에 갇힌 모기의 혈액에서 공룡의 유전자를 채취해 공룡을 되살려 낸다는 아이디어로 많은 인기를 끌었습니다. 영화와 같은 일이 실제로 일어날 수 있을까 너무 궁금하네요.

그렇다면 과거에 살았던 생물들은 모두 화석으로 잘 보존되어 있을까요? 생물이라고 하여 모두 화석이 될 수 있는 것은 아닙니다. 생물이 화석으로 생성되기에 유리한 몇 가지 조건을 갖추어야 우리에게 그들의 존재를 알려줄 수 있게 됩니다. 첫째, 뼈나 이빨, 껍데기와 같은 단단한 부분이 있을 것, 둘째, 생물체는 최대한 빨리 매몰되어 박테리아에 의해 분해되지 않을 것, 셋째, 화석화 작용을 받을 것, 넷째, 퇴적암이 생성된 후 심한 지각 변동이나 변성 작용을 받지 않을 것 등입니다.

이상의 조건을 잘 만족시킨다면 생물은 오랜 시간이 경과한 후에도 자신들이 한때 지구의 주인공으로 살고 갔음을, 또는 오래전부터 이 지구에 등장하여 아직도 살아가고 있음을 알릴 수 있는 화석으로 인정받을 수 있게 되는 것이지요.

이번엔 화석의 종류와 그 특징을 좀 더 살펴볼까요? 특정 시기에 출현해서 짧은 시간 동안 번성하다가 멸종한 생물의 화석은 지층이 생성된 시기를 판단하는 근거로 이용될 수 있습니다. 우리 역사를 보더라도 삼국시대, 고려시대, 조선시대의 복장이나 풍습이 조금씩 다르지요? 전문가들은 의복의 형태만 보아도 어느 시대의 복장인지 판단할 수 있습니다. 이와 비슷하게 생물의 화석도 그 시대를 대표하는 화석이 있는 것이랍니다.

이들은 생존 기간이 짧되, 지구에 분포했던 면적이 넓을수록, 또 개체 수가 많을수록 시대를 결정하는 데 유리하다고 할 수 있겠습니다. 시대를 대표하는 생물의 화석, 이들을 **표준화석**이라고 부릅니다. 이러한 화석으로는 고생대를 대표하는 삼엽충, 필석, 중생대를 대표하는 공룡, 신생대를 대표하는 화폐석, 매머드를 예로 들 수 있습니다.

삼엽충(고생대)　　　　공룡(중생대)　　　　매머드(신생대)

다음은 시상화석입니다. 이들은 환경의 변화에 민감한 생물로 특정한 환경에서만 서식하는 특징을 갖고 있어 당시 이 생물이 살았던 기후나 수륙 분포 등의 환경을 알려주는 화석입니다. 표준화석과는 달리 생존 기간이 길고, 분포 면적이 좁으며, 환경의 변화에 민감하면 시상화석으로 가치가 높다고 할 수 있습니다.

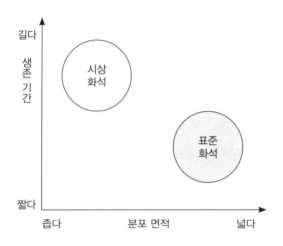

따뜻하고 습한 육지 환경에서 사는 고사리, 따뜻하고 얕은 바다에 서식하는 산호는 지금도 우리가 주변에서 볼 수 있는 생물인데도 화석에 해당될까요? 오래전 지질시대를 거쳐 현재까지 쭉~ 살아오고 있는 이러한 생물은 우리에게 과거의 환경을 알려줄 수 있어 좋은 시상화석의 예라고 할 수 있습니다.

이처럼 화석은 아주 오래전 지구상에 살았던 생물들의 종류와 진화 정도를 알려주기도 하고, 지구의 과거 환경에 대해서도 많은 정보를 제공해 줍니다. 멀리 떨어진 지역의 지층의 대비에도 활용되어 지층의 생성 시기, 순서를 결정하는 데도 도움을 줍니다. 지구의 역사를 해석하는 과정에도 많은 도움을 주지만 석탄, 석유, 천연가스 등의 지하자원을 탐사하고 개발하는 데도 이용되는 매우 유용한 자료입니다.

고기후 연구 방법

요즘 지구가 당면한 많은 문제 중에 여러분은 어떤 문제가 가장 심각하다고 생각하나요? 정치, 경제 등 사회의 다양한 문제가 존재하겠지만 인류가 함께 고민하고 해결해 나가야 할 문제 중 환경, 특히 지구의 기후 문제는 날로 그 심각성이 커지고 있습니다. 그런데 정말 기후는 옛날과 많이 달라진 것일까요? 과거에 지구는 어떤 기후 환경이었을까요?

그래서 우리는 지구의 고기후 연구에 대해서 공부해 보려고 합니다. 인류가 다양한 방법으로 측정하고 기록한 자료가 존재하기 이전의 지구 기후는 어떤 방법으로 연구할까요?

먼저 빙하 시추물에 대한 연구 방법이 있습니다. 극지방에 있는 빙하에 구멍을 뚫어 시추한 원통 모양의 얼음 기둥을 빙하 코어라고 하는데 이 빙하 코어를 이용해 과거 지구 기후를 알아내는 방법입니다.

이 방법은 산소 동위 원소를 이용하는 것인데, 일반적인 산소 ^{16}O

와 동위 원소인 산소 ^{18}O의 증발 비율로 당시의 기온을 추정합니다. 기온이 낮은 상황에서는 무거운 원소인 ^{18}O를 포함한 물의 증발은 잘 일어나지 않는 반면, 질량이 가벼운 ^{16}O은 상대적으로 증발이 많이 일어납니다. 빙하 속의 공기 방울에는 빙하가 형성될 당시의 공기가 포함되어 있기 때문에 온난한 시기에 형성된 빙하는 산소 동위 원소비($^{18}O/^{16}O$)가 상대적으로 높고, 한랭한 시기에 형성된 빙하는 산소 동위 원소비가 상대적으로 낮을 것입니다. 바로 이 비율로 그 당시의 지구 기후를 추정할 수 있게 되는 것이지요. 물은 모든 것을 기억하고 있다는 말이 생각나는데요, 지금 이 순간에도 지구의 물은 또 어떤 많은 정보를 담아 기록하고 있을지도 모르겠네요.

빙하 코어를 연구하는 방법 외에도 퇴적물 속에 들어있는 꽃가루(화분) 화석과 지층 속의 화석에 포함된 산소 동위 원소비를 이용하는 방법이 있습니다. 만지면 부스러져 버릴 것 같은 꽃가루가 기후를 해석하는 도구가 된다면 쉽게 이해가 가나요? 꽃가루는 매우 부드러워 보이지만 아주 단단한 껍질로 덮여 있습니다. 따라서 땅속에서도 오랫동안 썩지 않고 보존될 수 있습니다.

기온이 낮으면 침엽수가 많아지고 높으면 상록활엽수가 많아지는 것은 현재의 환경에서도 볼 수 있는 현상입니다. 과거의 꽃가루 역시 그 모양이나 크기 등을 연구하면 당시의 기후를 유추하는 데 도움을 얻을 수 있습니다. 우리나라도 경주의 안압지와 동해안 경포호 밑바닥의 꽃가루를 연구해서 5,000~1만 년 전의 고기후를 복원한 사례가 있습니다.

또한 해저 퇴적물 속의 화석을 이용하여 바다의 기후를 복원하는 방법도 있습니다. 유공충이라는 생물의 각질 안에 포함된 산소 동위 원소비를 조사해 보면, 그 생물의 생존 당시 바닷물의 온도에 따라서 다른 값을 나타낸다고 합니다. 높은 온도에서 자란 유공충의 각질은 낮은 온도에서 자란 유공충의 각질보다 산소 동위 원소비의 값이 작아집니다. 따라서 해저 퇴적물에서 다른 시대에 살던 유공충 각질 안의 산소 동위 원소비를 분석해 보면, 시대에 따른 고기후를 알아내는 방법으로 활용할 수 있게 되는 것입니다.

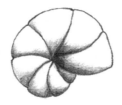

유공충

성장 정도에 따라 달라지는 나무의 나이테와 산호의 성장률을 연구하는 방법도 있습니다. 기온이 높고 강수량이 많을수록 대부분 나무는 성장이 빨라져서 넓은 나이테가 생깁니다. 나이테 사이의 폭, 밀도를 연구하면 기온이나 강수량의 변화를 추정할 수 있어요. 산호도 나무의 나이테처럼 성장하면서 나이테와 비슷한 성장선을 보이는데, 그 형태를 분석하면 성장률과 수온의 관계를 알아낼 수 있습니다.

산호의 성장선

지질시대의 환경과 생물

1

지질시대의 구분

　지질시대란 지구가 탄생한 이후 인류의 역사가 시작된 약 1만 년 전까지의 시간을 의미합니다. 현재까지 밝혀진 바에 의하면 약 46억 년의 긴 시간이지요. 인류의 역사도 사용된 도구나 문명에 따라 석기 시대, 청동기시대, 철기시대로 구분하고, 우리나라의 역사도 왕조에 따라 삼국시대, 고려시대, 조선시대로 구분하듯이 46억 년의 길고 긴 지구의 역사도 구분이 좀 필요해 보입니다.

　그렇다면 지질시대는 무엇을 기준으로 구분할까요? 대표적인 방법이 생물의 번성과 멸종입니다. 번성과 멸종에 대한 것은 당연히 화석 연구를 통해서 알 수 있겠지요. 생물이 번성하다가 멸종했다는 것은 지구 환경에 큰 변화가 있었다는 것을 간접적으로 짐작할 수 있는 것입니다.

　이렇게 구분한 지질시대는 누대-대-기-세의 단위를 사용하여 분류합니다.

지질시대		절대 연령 (백만 년 전)
대	기	
신생대	제4기	2.58
신생대	네오기	22.03
신생대	팔레오기	66.0
중생대	백악기	145.0
중생대	쥐라기	201.3
중생대	트라이아스기	252.2
고생대	페름기	298.9
고생대	석탄기	358.9
고생대	데본기	419.2
고생대	실루리아기	443.8
고생대	오르도비스기	485.4
고생대	캄브리아기	541.0

지질시대		절대 연령 (백만 년 전)
누대	대	
현생 누대	신생대	66.0
현생 누대	중생대	252.2
현생 누대	고생대	541.0
원생 누대	신원생대	1,000
원생 누대	중원생대	1,600
원생 누대	고원생대	2,500
시생 누대	신시생대	2,800
시생 누대	중시생대	3,200
시생 누대	고시생대	3,600
시생 누대	초시생대	

선캄브리아 시대

2

지질시대의 기후

선캄브리아대는 아주 오랜 시간을 거슬러 올라가야 하는 시대인 만큼 화석이나 자료가 많이 남아 있지 않습니다. 따라서 기후 변화를 자세하게 알기 어렵습니다.

이 시기는 전반적으로 온난했으나 빙하 퇴적물을 통해 빙하기도 있었던 것으로 추정합니다.

고생대는 초기 지층에서 따뜻한 바다에 잘 생기는 두꺼운 석회 암층이 많이 발견되는 것으로 보아 기후가 온난했던 것으로 추정합니다.

후기에는 북반구는 온난 습윤했지만, 남반구에서 빙하의 흔적이 많이 발견되는 것으로 보아 한랭한 기후의 빙하기가 있었을 것이라고 생각합니다.

중생대는 지질시대 중 유일하게 빙하기가 없던 시대입니다. 따뜻한 바다에서 사는 산호가 고위도 지역에서 발견되는 것으로 보아 기온이 높았으며, 지질시대 중 가장 온난한 시기였을 것입니다.

신생대는 초기인 제3기에는 온난했으나 점점 한랭해져서, 제4기에는 여러 번의 빙하기와 간빙기를 거친 것으로 추정됩니다.

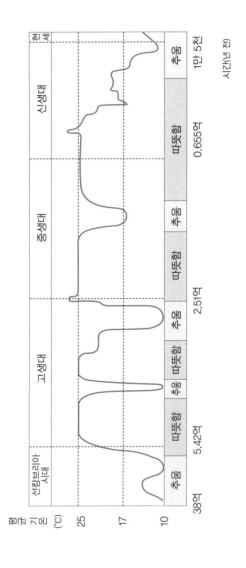

3

지질시대의 환경과 생물

선캄브리아시대는 여러 차례의 지각 변동을 받아 지금까지 남아 있는 퇴적암이 매우 적으며, 원시 생명체의 화석도 매우 드물게 산출되기 때문에 당시의 환경을 알기가 매우 어렵습니다.

시생 누대는 대기 중에 산소가 거의 없었으며, 원핵 생물인 사이아노박테리아(남세균)가 출현(스트로마톨라이트 화석 발견)했습니다.

스트로마톨라이트 화석

원생 누대는 사이아노박테리아의 광합성으로 대기 중의 산소가 점차 증가하였고, 원시적인 생물들이 등장하는 시기입니다. 후기에는 다세포 생물이 출현(에디아카라 동물군 화석 발견)하였습니다.

고생대(약 5.41억 년 전~2.522억 년 전)는 대규모 지각 변동으로 생물의 대멸종이 여러 차례 발생하였으며 페름기 말에 대륙들이 하나로 뭉쳐 판게아를 형성하였습니다.

캄브리아기	– 전기에는 다양한 무척추동물인 삼엽충이나 완족류 등이 출현하였다.
오르도비스기	– 실루리아기에는 대지 중에 형성된 오존층의 영향으로 육상 식물이 출현하였다.
실루리아기	– 데본기에는 갑주어를 비롯한 어류가 번성하고 양서류가 출현하였다.
데본기	– 석탄기에는 파충류가 출현하고 육상에는 양치식물이 거대한 삼림을 이루었다.
석탄기	– 말기 해양에는 방추충(푸줄리나)이 크게 번성하고 거대 곤충도 등장하였다.
페름기	– 페름기 말에는 겉씨식물이 출현하고 삼엽충, 방추충을 비롯한 생물의 대멸종이 발생하였다.
표준화석	갑주어, 필석, 삼엽충, 방추충

중생대(약 2.522억 년 전~0.66억 년 전)는 초기에 판게아가 분리되면서 생물의 서식 환경이 다양하게 형성되었다.

트라이아스기	– 고생대 말에 대멸종 이후 다양한 생물들이 출현하였다.
	– 초기엔 암모나이트, 공룡을 비롯한 파충류가 번성하였고 원시 포유류도 출현하였다.
쥐라기	– 소철류나 은행류 같은 겉씨식물이 번성하였다.
	– 쥐라기엔 암모나이트가 크게 번성하였고 공룡 또한 다양한 종류가 번성하였으며 말에는 시조새가 출현하였다.
백악기	– 백악기 말에는 암모나이트나 공룡 등이 쇠퇴해 갔으며 영장류가 출현하고 속씨식물이 출현하였다.
표준화석	공룡, 시조새, 암모나이트

신생대(약 0.66억 년 전~ 현재까지)는 인도-오스트레일리아판과 유라시아판의 충돌로 히말라야산맥이 형성되고 현재와 비슷한 수륙 분포가 형성되었습니다.

팔레오기	– 육상에서는 속씨식물이 번성하여 초원이 형성되었다.
	– 해양에서는 화폐석을 포함한 유공충이 번성하였다.
네오기	– 제4기에는 매머드와 같은 포유류가 번성하였다.
	– 인류가 출현하였다.
제4기	– 여러 차례의 빙하기와 간빙기가 나타났다.
표준화석	화폐석, 매머드

• **퇴적암의 생성**

퇴적암은 퇴적물이 쌓인 후 속성 작용을 받아 생성된다. 퇴적
암은 생성 원인에 따라 쇄설성 퇴적암, 화학적 퇴적암, 유기
적 퇴적암으로 구분한다.

• **퇴적 구조**

퇴적 구조는 퇴적암의 특징적인 구조이다. 점이층리는 한 지
층 내에서 위로 갈수록 입자의 크기가 점점 작아지는 구조이
다. 사층리는 주로 물이 흐르거나 바람이 부는 환경에서 형성
되는 기울어진 층리 구조이다. 연흔은 퇴적물의 표면에 생긴
물결 자국이다. 건열은 퇴적암 표면에 갈라져 틈이 생긴 구조
로 쐐기 모양을 나타낸다.

• **지질 구조**

습곡은 지층이 지하 깊은 곳에서 지각 변동에 의해 횡압력을
받아 휘어진 지질 구조이다. 단층은 지층이 지각 변동에 의해
힘을 받아 끊어지면서 지층이 상대적으로 어긋나 이동된 구
조이다. 부정합은 상하 지층이 지각 변동에 의해 시간적으로

불연속을 이루는 지질 구조이다. 절리는 암석에 생긴 틈이나 균열로써 양쪽 암석의 상대적인 이동은 없는 지질 구조이다.

• **지층의 연령**

상대 연령은 지층이나 암석의 상대적인 생성 시기와 지질학적 사건의 선후 관계를 밝히는 것으로 지사학 법칙과 지층의 대비 등을 이용하여 결정한다. 절대 연령은 지층이나 암석의 생성 시기를 구체적인 수치로 나타내는 것으로, 암석 속에 들어 있는 방사성 동위 원소의 모원소와 자원소의 양으로 계산할 수 있다.

• **화석**

화석은 지질시대에 살았던 생물의 유해나 흔적이 보존된 것으로, 형성 조건은 단단한 껍데기나 골격이 있거나 죽은 후 빨리 매몰되어야 한다. 또한 매몰 후 심한 지각 변동이나 변성 작용을 겪지 않아야 한다. 표준화석은 지질시대를 구분하고 지층을 대비하는 데 유용한 화석으로, 생존 기간이 짧고 특정 시대에만 번성하였으며 분포 면적이 넓은 생물이 유리하다. 시상화석은 퇴적될 당시의 자연환경을 알아내는 데 유용한 화석으로, 생존 기간이 길고 환경 변화에 민감한 생물이 유리하다.

• **고기후 연구 방법**

고기후는 기상 관측을 통한 자료를 기록하기 이전의 역사시대 및 지질시대의 기후이다. 고기후 연구 방법으로는 빙하 코어, 나무의 나이테, 화석, 산소 동위 원소비를 이용하는 방법이 있다.

• **지질시대의 환경과 생물**

선캄브리아시대 화석이 거의 산출되지 않는 시기이다. 기후는 온난하였으며 후기에는 빙하기가 있었을 것으로 추정한다. 스트로마톨라이트, 에디아카라 동물군이 대표적인 화석이다.

고생대 대체로 온난하였으나, 석탄기와 페름기에는 빙하기가 있었다. 초기에 산소가 증가하고 오존층이 형성되면서 다양한 생물이 증가하고 육지에 생물이 출현하였다. 양치식물이 번성하고 양서류가 전성기를 누렸으나, 후기에 판게아가 형성되면서 해양 생물의 서식지가 줄어들게 되고 기후가 급격히 변하면서 많은 해양 생물이 멸종하며 생물 종 수가 크게 감소하였다.

중생대 전반적으로 온난한 기후가 지속되었고 빙하기가 없었다. 바다에는 암모나이트, 육지에는 공룡이 번성하였고, 시조새가 출현하고 겉씨식물이 번성하였으나, 말기에는 환경이 급변하여 공룡, 암모나이트가 멸종하였다.

신생대 대체로 온난하였으나 점차 한랭해져서 제4기에는 여러 번의 빙하기와 간빙기가 있었다. 알프스산맥과 히말라야산맥이 형성되면서 오늘날과 비슷한 수륙 분포를 하게 되었다. 제4기에는 인류의 조상이 출현하였으며, 매머드와 같은 대형 포유류, 속씨식물이 번성하였다.

01 다음 사진 (가)와 (나)는 퇴적암에 나타나는 퇴적구조를 나타낸 것이다.

(가) (나)

이에 대한 설명으로 옳은 것만을 〈보기〉 중에서 있는 대로 고른 것은?

─ 〈보기〉 ─

ㄱ. (가)는 위로 갈수록 입자가 큰 퇴적물이 쌓여 있는 구조이다.

ㄴ. (나)는 건조한 기후에서 퇴적층 표면이 노출되어 형성된다.

ㄷ. (가)와 (나)는 지층의 역전 여부를 알 수 있다.

① ㄱ   ② ㄴ   ③ ㄱ, ㄷ   ④ ㄴ, ㄷ   ⑤ ㄱ, ㄴ, ㄷ

02 다음 사진 (가)와 (나)는 관입암과 포획암을 포함하고 있는 주위의 암석을 나타낸 것이다. A와 D는 각각 관입암과 포획암이다.

(가)

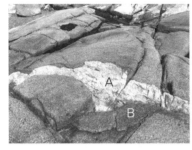

(나)

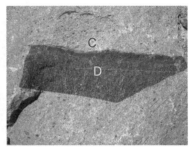

이에 대한 설명으로 옳은 것만을 〈보기〉에서 있는 대로 고른 것은?

─〈보기〉─

ㄱ. A와 B가 접촉하는 부분에는 열에 의한 변성 작용이 일어날 수 있다.

ㄴ. B가 A보다 먼저 생성되었다고 해석하는 것은 지층 누중의 법칙을 적용한 것이다.

ㄷ. 포획암 D는 주변 암석 C보다 먼저 생성되었다.

① ㄱ   ② ㄷ   ③ ㄱ, ㄷ   ④ ㄴ, ㄷ   ⑤ ㄱ, ㄴ, ㄷ

03 다음 그림은 어느 지역의 지층 단면을 나타낸 것이다. 화성암 B와
   C에서는 반감기가 1억 년인 방사성 원소가 처음 양의 각각 25%,
   50%가 포함되어 있다.

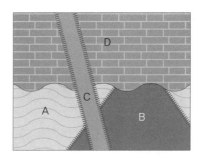

A~D층이 생성되는 과정을 지질학적 사건을 포함하여 서술하고, B와
C층의 절대 연령을 구하시오.

04 다음은 지질시대별 수륙 분포의 특징과 지질시대의 표준화석을 나타낸 것이다.

(가)	판게아가 갈라져 분리되면서 대서양과 인도양이 형성되기 시작하였다.	A	
(나)	하나의 대륙인 판게아를 형성하였다.	B	
(다)	대륙판과 대륙판이 충돌하여 알프스산맥과 히말라야산맥이 형성되었다.	C	

(가), (나), (다)의 시대를 구분하고 표준화석 A~C를 연결하여 서술하시오.

1. (가)는 점이층리 구조, (나)는 건열 구조입니다.

ㄱ. (가)는 위로 갈수록 입자의 크기가 점점 작아지는 구조입니다. **따라서 틀린 보기입니다.**

ㄴ. (나)는 퇴적암 표면에 쐐기 모양의 틈이 생기는 구조로, 주로 건조한 기후에서 잘 형성됩니다. **따라서 맞는 보기입니다.**

ㄷ. (가)와 (나) 모두 지층의 역전 여부를 판단하거나 지층의 생성 순서를 결정하는 데 많은 도움을 줍니다. **따라서 맞는 보기입니다.**

∴ **정답은 ④입니다.**

2. (가)는 B암석 사이로 A가 관입해 들어온 상황을 나타낸 사진이고, (나)는 D암석을 포획한 C암석의 관계를 나타낸 사진입니다.

ㄱ. 뜨거운 마그마가 관입하여 암석을 생성하는 상황에서 A와 B가 접촉하는 부분에서는 열에 의한 변성 작용이 일어날 수 있습니다. **따라서 맞는 보기입니다.**

ㄴ. (가)는 관입의 법칙을 적용해서 관입해 들어온 암석은 관입 당한 암석보다 나중에 형성된 암석이라고 해석합니다. **따라서 틀린 보기입니다.**

ㄷ. (나)의 포획암이 있는 상황은 마그마가 관입할 때 주변에 존재하던 암석에서 떨어져 나와 마그마 속으로 들어가 있는 암석이므로, 포획

암이 주변 암석보다 먼저 생성되었다고 해석합니다. **따라서 맞는 보기입니다.**

∴ **정답은 ③입니다.**

3. A층이 퇴적된 후 횡압력을 받아 습곡 구조가 형성된 후 B가 관입하여 들어왔습니다. 이 두 지층은 융기하여 침식당한 후 다시 침강하여, 이후 D층이 퇴적됩니다. 그 경계면에서 부정합면이 형성됩니다. 이 지층 사이로 C가 최종적으로 관입하여 들어온 관계가 현재 이 지역의 단면도를 해석한 것입니다. 결론적으로 이 지역의 지층은 **A → B → D → C 순으로 형성**되었음을 알 수 있습니다.

B암석에 반감기가 1억 년인 방사성 원소가 처음 양의 25%가 들어있음은 반감기를 2번 지난 셈이 되는 것입니다. 그러므로 **2억 년의 절대 연령**을 가진 암석입니다. C암석은 50%가 들어 있으므로 반감기를 1번 거친 **1억 년의 절대 연령**을 가진 암석으로 추정됩니다.

4. **(가)는 중생대의 수륙 분포에 대한 특징입니다. 중생대의 표준화석은 암모나이트로, C에 해당**합니다. **(나)는 고생대의 수륙 분포에 대한 설명**으로, 고생대의 표준화석에 해당하는 것은 **A의 삼엽충**입니다. **(다)는 신생대의 수륙 분포에 대한 특징**으로, 표준화석은 **B 화폐석**입니다.

대기와 해양의 변화

아침에 일어나면 여러분은 가장 먼저 어떤 일을 하나요? 스트레칭? 세수와 양치? 가장 먼저 하는 일은 사람마다 조금씩 다르지만, 집을 나서며 오늘 날씨를 확인하는 일은 모두에게 공통적인 일과일 거예요.

지구에 존재하는 약 1,000km의 대기권은 기상 현상을 나타낼 뿐 아니라 지구의 열적 균형을 맞추는 데 중요한 역할을 하고 있습니다. 또한 지구에만 존재하는 넓고 푸른 바다도 엄청난 물을 움직여 지구의 에너지를 운반하고 있지요.

그럼 이번에는 지구의 대기와 해수가 어떻게 지구의 평형을 유지하고 있는지 살펴보도록 하겠습니다.

기상 재해로 알아보는 대기와 해양의 변화

가뭄

2011년 아프리카의 뿔에서 심각한 가뭄이 발생했다. 극심한 강우량 부족에 1,000만 명이 넘는 이재민이 생겼고, 200만 명이 넘는 어린이들이 영양실조 상태가 되었다. 10~12년마다 이 지역에 닥치던 가뭄의 주기가 점차 짧아지고 있어 물 부족이 심각한 상황이다.

토네이도

2016년 장쑤성에 대형 탁구공만 한 우박을 동반한 토네이도가 상륙하며 최소 78명이 사망하고 500명 이상이 부상당하였다. 3시간 동안 이 지역에 시간당 최고 100mm의 폭우와 초속 56~61m의 회오리바람이 불면서 상당수의 주택과 자동차 등이 파손되었다.

태풍

2008년 미얀마를 강타한 사상 최악의 태풍에 14만여 명의 사망자가 발생했고, 실종자도 6만 명이나 발생했다. 240만 명이 보금자리를 잃었다고 집계된 바 있다.

폭염

2010년 러시아의 모스크바에서는 낮 기온이 40℃에 육박했다. 이는 1,000년 역사상 최악의 폭염으로, 익사자를 비롯하여 5만 6,000명이 사망했다. 또한 건조한 날씨로 500여 곳에서 산불이 났으며, 곡물이 말라 죽는 상황까지 겹쳐 농업에도 많은 피해를 입었다.

눈폭풍

2008년 아프카니스탄에서 있었던 눈폭풍은 현대사에 기록된 눈폭풍 중 2번째로 끔찍했던 재해이다. 영하 30℃까지 떨어진 기온에, 내린 눈은 약 180cm까지 쌓였다. 1,337명이 사망하였으며, 수십만 마리의 가축이 죽었다.

Chapter

1

기단과 기압

1

기단

날씨의 변화에 대해 알아보기 위해서는 먼저 기단에 대해 알아야 합니다. 기단이란 지표면의 성질이 균일한 넓은 지역에서 공기가 오랫동안 머물면서 형성되는 공기 덩어리인데, 기온이나 습도와 같은 공기의 성질이 균일해야만 합니다. 그러므로 기단은 이러한 조건이 만족되는 특정 지역에서 발달합니다. 기단은 넓은 바다나 평원, 사막과 같은 곳에서 형성되는데 이런 곳을 기단의 발원지라고 합니다.

기단의 크기는 지름이 보통 1,000km 이상으로, 어떤 곳에서 형성된 기단이냐에 따라 온도나 습도가 달라집니다. 대륙에서 생성된 기단이라면 건조할 것이고, 해양에서 생성된 기단은 다습하겠지요. 또 저위도에서 생성된 기단은 고위도에서 생성된 기단보다는 따뜻할 것입니다.

우리나라 날씨에 영향을 미치는 기단은 시베리아 기단, 북태평양 기단, 오호츠크해 기단, 양쯔강 기단, 적도 기단입니다. 어떤 기단이

주로 영향을 주느냐에 따라, 그 계절의 기온이나 강수량 등 날씨의
변화를 가져오게 됩니다.

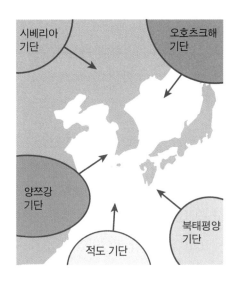

기단	성질	영향을 주는 계절
시베리아 기단	한랭 건조	겨울
북태평양 기단	고온 다습	여름
오호츠크해 기단	한랭 다습	초여름(장마철)
양쯔강 기단	온난 건조	봄, 가을
적도 기단	고온 다습	여름, 초가을

　　기단은 발원한 장소에 따라 기온이나 습도가 각기 다른 특성을 보
이고, 그 특성이 항상 일정하게 유지되지는 않습니다. 공기는 움직이
는 것이므로, 발원지를 떠나 다른 곳으로 이동하면서 특성이 다른 환

경의 지면이나 수면을 만나게 되면 본래 가지고 있던 기온이나 습도가 변화하게 되는 겁니다.

우리가 먼 곳으로 여행할 때 원래 있던 곳과는 다른 날씨를 만나게 될 경우가 있지요. 더운 곳으로 간다면 시원한 옷을, 추운 곳으로 간다면 따뜻한 옷으로 갈아입어야 할 거예요. 기단도 발원지와 다른 기온과 습도 환경을 만나게 되면 열과 수증기를 교환하게 되고 원래 가지고 있던 성질이 변하게 되는데, 이를 기단의 변질이라고 합니다.

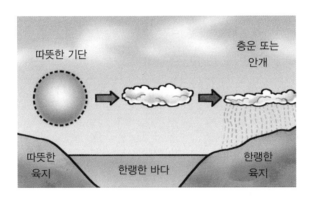

따뜻한 기단이 한랭한 바다를 지날 때

따뜻한 기단은 한랭한 바다의 영향을 받아 아래층이 냉각됩니다. 바다로부터 공급된 수증기는 응결하며 구름을 형성하는데, 상승 운동이 활발하게 일어나지 않으므로 층운형 구름이 발달하게 되지요.

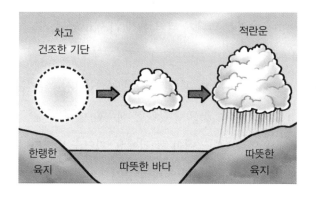

차고 건조한 기단이 따뜻한 바다를 지날 때

차가운 기단은 따뜻한 바다의 영향을 받아 아래층이 가열됩니다. 바다로부터 공급된 수증기는 응결하며 구름을 형성하는데, 이때 불안정한 공기 덩어리의 상승 운동이 활발하게 일어나므로 적운형 구름이 발달하게 돼요.

기압

기압이란 대기의 압력을 의미합니다. 지구의 기압은 지표면의 한 점을 중심으로 단위면적 위에서 연직으로 위치한 공기 기둥 안의 공기 무게를 말하며, 단위는 hPa(헥토파스칼)을 사용하고 있습니다.

이탈리아의 과학자 토리첼리는 수은조에 유리관을 세운 후 그 높이를 측정하였습니다. 수은주의 높이가 약 76cm가 되었을 때의 압력을 1기압의 표준으로 삼았다고 합니다. 수은의 비중이 13.6 정도이므로 물기둥의 높이로 환산한다면 약 10m 정도의 압력이 됩니다.

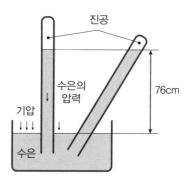

1기압

= **76cmHg** (수은 기둥 76cm에 의한 압력)

= **10.3mH$_2$O** (물기둥 10.3m에 의한 압력)

= **1,013 $\times$ 10^{5}N/m^2 = 1,013hPa**

Chapter

2

고기압과 저기압

고기압과 저기압

고기압은 주위보다 상대적으로 기압이 높은 곳으로, 지상에서는 고기압의 중심부로부터 공기가 주변으로 발산되어 나가고 중심에는 하강 기류가 발달합니다. 바람이 중심에서 바깥쪽으로 불어 나갈 때, 전향력에 의해 북반구에서는 시계 방향으로 불어 나가게 됩니다.

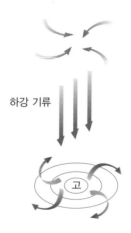

하강 기류

공기가 하강 → 주위 기압이 상승 →
하강하는 공기는 단열 압축 →
기온이 상승 → 포화 수증기압 증가 →
상대 습도 낮아짐 → 증발 →
구름 소멸 → 맑은 날씨

고기압은 정체성 고기압과 이동성 고기압으로 구분합니다. 정체성 고기압은 중심부가 이동하지 않고 한 장소에 머무르는 규모가 큰 고기압으로, 우리나라 주변에 발달하는 시베리아 고기압이나 북태평양 고기압, 오호츠크해 고기압 등이 해당합니다.

이동성 고기압은 정체성 고기압으로부터 떨어져 나와 이동하는 비교적 규모가 작은 고기압으로, 양쯔강 고기압을 예로 들 수 있습니다. 이동성 고기압은 중위도에 영향을 주는 편서풍을 따라 서쪽에서 동쪽으로 이동하면서 우리나라 및 주변 국가의 날씨에 영향을 미치게 됩니다.

우리나라의 날씨는 어떤 고기압이 주위에 분포하느냐에 따라 영향을 받게 됩니다. 우리나라는 비교적 4계절의 변화가 뚜렷한 편입니다. 요즘 들어 날씨의 변동이 잦긴 하지만 아직은 봄, 여름, 가을, 겨울의 계절적 특징이 잘 드러나는 편입니다. 일기도와 함께 우리나라의 계절별 특징을 살펴보겠습니다.

초여름에는 우리나라로 세력을 확장하는 북태평압 고기압이 북쪽의 오호츠크해 고기압과 만나 전선을 형성하는데, 둘의 세력이 비슷하여 우리나라 부근에서 오랫동안 머무는 장마 현상이 나타납니다.

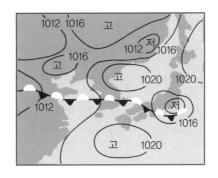

초여름

여름철엔 북태평양 고기압이 확장되어 우리나라에 영향을 줍니다. 이 때문에 고온 다습한 날씨가 연일 계속되며 무더위가 찾아오게 됩니다.

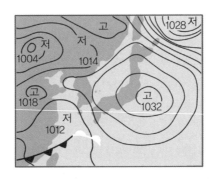

여름철

우리나라의 겨울철은 한랭 건조한 성질을 가진 시베리아 고기압이 크게 발달하여 춥고 건조한 날씨를 나타냅니다. 시베리아 고기압이 우리나라 동해를 지나가면서 폭설이 내리기도 하지요.

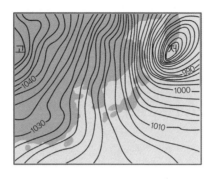

겨울철

저기압은 주위보다 상대적으로 기압이 낮은 곳으로, 지상에서는 저기압의 바깥쪽으로부터 공기가 중심으로 수렴되므로 상승 기류가 발달합니다. 바람이 주위로부터 중심으로 불어 들어올 때 전향력에 의해 북반구에서는 반시계 방향으로 불어 들어오게 됩니다.

상승 기류

공기가 상승 → 주위 기압이 하강 →
상승하는 공기는 단열 팽창 →
기온이 하강 → 포화 수증기압 감소 →
상대 습도 높아짐 → 응결 → 구름 증가 →
흐리거나 비 또는 눈이 내리는 날씨

고기압의 영향을 받으면 날씨가 대부분 맑지만, 저기압은 흐리거나 비나 눈이 내리는 궂은 날씨 상태를 보이기 때문에 많은 일정에 영향을 줄 수 있습니다. 또한 재해로 이어지는 악기상도 저기압의 영향을 받는 경우가 대부분입니다.

2

전선과 날씨

누구에게나 다른 사람과 생각이 달라 의견 충돌을 한 적이 한 번쯤은 있을 겁니다. 기단도 마찬가지입니다. 서로 다른 특징을 지닌 기단이 만나 충돌하게 되면 날씨의 변화를 가져오게 됩니다.

우리나라는 중위도에 위치하고 있기 때문에 고위도의 찬 공기와 저위도의 따뜻한 공기의 영향을 받을 수 있는 곳이지요. 이렇게 성질이 다른 두 기단이 만나게 되면 경계면이 생기게 되는데, 이를 전선면이라고 하고 전선면과 지표면이 만나서 생기는 선을 전선이라고 합니다. 전선을 경계로 기온이나 습도, 바람의 방향 등이 크게 달라져 구름의 생성과 강수 현상이 나타나게 됩니다.

온난 전선은 따뜻한 공기가 찬 공기를 밀면서 이동할 때 따뜻한 공기가 찬 공기 위로 타고 올라가며 형성됩니다. 한랭 전선은 반대로 찬 공기가 따뜻한 공기를 밀면서 이동할 때 찬 공기가 따뜻한 공기를 파고 들어가면서 따뜻한 공기를 들어 올리며 형성됩니다.

특징	온난 전선	한랭 전선
모식도		
전선면의 기울기	완만하다	급하다
이동 속도	느리다	빠르다
구름	층운형	적운형
강수 구역 및 형태	전선 앞쪽, 넓은 범위, 지속적인 비	전선 뒤쪽, 좁은 범위, 소나기성 강우
전선 통과 후	기온 상승, 기압 하강 남동풍 → 남서풍	기온 하강, 기압 상승 남서풍 → 북서풍

진행 방향으로 볼 때 앞쪽에 온난 전선이, 뒤쪽에 한랭 전선이 위치하게 되면 이동 속도가 빠른 한랭 전선이 온난 전선을 쫓아가 겹쳐집니다. 이때 만들어지는 전선이 폐색 전선입니다. 두 전선이 겹쳤으니 넓은 지역에 걸쳐 구름이 생기고 강수 구역도 넓게 형성되겠

지요?

찬 공기와 따듯한 공기가 만났을 때 어느 한 공기의 세력이 우세하면 그 공기 덩어리의 진행 방향으로 전선면이 이동할 수 있어요. 그런데 세력이 너무 비슷한 두 공기가 만나면 한곳에 오래 머물러 있게 되지요. 힘이 비슷한 선수끼리 팔씨름하는 장면을 떠올려 보세요. 오른쪽으로 살짝, 왼쪽으로 살짝 움직이지만 승부가 나지 않고 오래 힘을 쓰는 경우가 있지요? 공기 덩어리도 이와 같은 경우가 생깁니다. 이런 전선을 정체 전선이라고 합니다.

대표적인 예로 우리나라의 장마 전선이 이에 해당합니다. 전선이 북쪽으로 남쪽으로 움직이면서 우리나라에 오래 머물러 있게 되고 지속적으로 비가 내리는 시기, 즉 장마가 나타나게 됩니다.

온대 저기압과 날씨

온대 저기압은 말 그대로 중위도 지방, 즉 온대 지방에서 발생하는 저기압입니다. 고위도에서 내려오는 차가운 공기와 저위도에서 올라오는 따뜻한 공기가 만나 전선을 만들면서 온대 저기압이 발달하기 시작하죠.

전선 형성
고위도의 찬 공기와
저위도의 따뜻한 공기가
중위도 지방에서 만나
정체 전선을 형성한다

온대 저기압 발달
저기압을 중심으로
남서쪽에는 한랭 전선이,
남동쪽에는 온난 전선이 형성되어
온대 저기압이 발달하기 시작한다

폐색 전선 발달

한랭 전선이 온난 전선보다
이동 속도가 빨라 두 전선이 겹쳐져서
폐색 전선이 형성되는데
시간이 경과할수록 뚜렷하게 발달한다

온대 저기압 소멸

따뜻한 공기가 위쪽에,
찬 공기는 아래쪽에 위치하면서
공기 덩어리가 안정한 상태가 되고
온대 저기압이 소멸한다

온대 저기압 주변의 날씨를 파악하는 것은 한랭 전선과 온난 전선의 영향을 받는 지역의 날씨를 생각해보면 어렵지 않습니다.

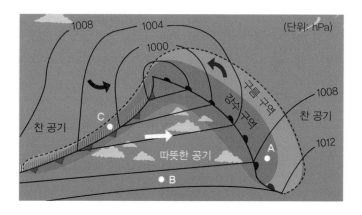

먼저 온난 전선의 앞쪽인 A구역의 날씨를 살펴볼게요. 넓은 구역에 층운형의 구름이 발달하고 흐리거나 지속적으로 내리는 강수의 형태가 나타나겠습니다. 이슬비나 보슬비와 같은 비가 내리겠지요. 현재 기온은 낮은 편이며 남동풍이 불고 있습니다.

B구역은 두 전선 사이에 위치하지만 한랭 전선의 앞쪽, 온난 전선의 뒤쪽에 해당되어 따뜻하고 맑은 날씨입니다. 바람은 남서풍이 불고 있습니다.

다음은 한랭 전선의 뒤쪽인 C구역입니다. 좁은 구역에 적운형의 구름이 발달하며 소나기성의 강수가 나타납니다. 때로는 천둥과 번개를 동반한 요란한 비가 내리는 경우도 있겠습니다. 기온은 낮고 북서풍이 불겠습니다.

이렇게 온대 저기압의 중심에서 어느 곳에 위치하는지에 따라 날씨 상황이 다르게 나타납니다. 온대성 저기압이 편서풍의 영향을 받아 서에서 동으로 이동하게 되면 강수, 기온, 풍향 등이 달라지게 되죠. 우리나라의 서쪽 날씨가 앞으로의 날씨가 될 가능성이 크기 때문에, 기상청에서 관측 자료를 바탕으로 날씨를 예측하여 예보할 수 있는 것입니다.

4

일기 예보

매일매일 사람들이 가장 많이 보는 프로그램은 어떤 것일까요? 뉴스, 드라마, 예능 등 다양하고 재미있는 프로그램들이 많지만, 전 세계적으로 가장 많은 사람이 보는 프로그램은 일기 예보라고 합니다. 날씨는 사람들의 기분을 좌우할 뿐만 아니라 농사나 산업 등 우리 생활에 영향을 미치지 않는 분야가 없다고 해도 과언이 아닐 것 같습니다.

그렇다면 일기 예보는 어떤 과정을 거쳐 사람들에게 전달되는 걸까요? 먼저 세계 곳곳의 관측소에서 라디오존데, 기상레이더, 기상위성 등을 통해 일기 요소를 관측하고 자료를 수집합니다. 관측된 연속적인 자료를 통해 지상 일기도를 작성하고 분석하지요. 이것을 바탕으로 예상 일기도를 작성하고 일기 예보를 하게 됩니다. 특히 기상위성을 통해 좀 더 정확한 예보가 가능해졌습니다.

일기도에 사용되는 기호는 한눈에 일기 상태를 알아보기 쉽도록 전 세계적으로 약속된 것들입니다. 여러분도 익혀두었다가 일기도를 볼 때 적용해 보면 일기 예보가 더 흥미롭게 느껴질 거예요.

일기 현상	● 비	✳ 진눈깨비	☰ 안개	▽ 소나기
	✳ 눈	⚡ 뇌우	● 가랑비	✳▽ 소낙눈
운량	○ ◔ ◑ ◕ ● ⊗ 0　1　2　3　4　5　6　7　8　9			
풍향 풍속	◎ / ⊢ F F F F 0　1　5　7　12　25　30m/s		기온 (18℃) 18 일기 ☰ (안개) 10 이슬점 (10℃)	풍속 4 (12m/s) 풍향(북서풍) 기압 104 운량 (맑음)
기타	▲▲▲ 온난 전선　▼▼▼ 한랭 전선 ▲▼▲▼ 폐색 전선　▲▼ 정체 전선	고기압 Ⓗ 고 저기압 Ⓛ 저 태풍 ●		

인공위성은 최근의 일기 예보에 중요한 역할을 하고 있습니다. 인공위성 중 기상위성은 지구의 날씨와 기후를 관측하기 위한 목적으로 제작된 위성입니다. 우리나라는 2010년 6월 27일에 쏘아 올린 정지궤도위성인 천리안위성을 이용하고 있어요. 천리안위성은 전 지구를 3시간 간격, 동아시아 지역을 15분 간격, 한반도 주변을 8분 간격으로 집중 관측하며 기상과 관련된 국가의 주요 정책 결정 및 다양한 산업 분야에서 국민의 삶의 질 향상에 도움을 주고 있습니다.

기상위성은 가시광선, 적외선 등 특정 파장을 관측한 가시 영상, 적외 영상 등을 통해 기온, 구름 등 여러 기상 요소를 확인할 수 있습니다.

적외 영상은 물체의 온도에 따라 방출하는 적외선 에너지양의 많고 적음을 나타냅니다. 밤과 낮 상관없이 24시간 연속적인 관측이 가능하고, 집중 호우나 태풍 등의 악기상 감시에 매우 유용합니다. 적외 영상으로 구름 표면의 온도를 알면 구름의 고도를 알 수 있는데, 온도가 높은 구름은 어둡게, 낮은 구름은 밝게 보입니다.

가시 영상은 구름과 지표면에서 반사된 태양의 가시광선을 관측하여 만든 것으로, 반사광이 강할수록 영상에서 밝게 보입니다. 야간은 지구가 태양광을 받지 못하므로 가시 영상을 이용할 수 없습니다.

수증기 영상은 구름이 없는 곳에서 수증기의 이동이나 분포를 분석할 수 있습니다. 가시 영상이나 적외 영상의 구름 자료로는 저기압의 위치만 추정할 수 있지만, 수증기 영상은 구름이 없는 곳에서도 대기의 흐름을 파악할 수 있습니다.

Chapter 3

태풍

1

태풍

　저기압 중 강력한 힘을 자랑하는 열대 저기압이 뭘까요? 여러분도 이미 짐작할 수 있을 거예요. 바로 태풍입니다.

　태풍은 열대 저기압 중 중심 부근의 최대 풍속이 17m/s 이상인 열대 저기압으로, 위도 5°~25°, 수온 27℃ 이상인 열대 해상에서 발생합니다. 온도가 높아 수증기의 공급이 충분하게 이루어져야 하는 조건이 만족되어야 하기 때문에 발생 지역이 제한적입니다.

　그런데 왜 적도에서는 태풍이 발생하지 못하는 것일까요? 적도로부터 5° 이내의 해양에서는 전향력이 거의 없어 태풍이 회전하기 위한 힘을 충분히 얻을 수가 없기 때문입니다. 태풍의 에너지원은 수증기가 물방울로 응결하면서 방출하는 잠열로, 수권과 기권의 상호 작용에 의해서 탄생하게 됩니다.

　태풍은 발생하는 지역에 따라 이름이 달리 불립니다. 북서 태평양에서 발생한 것은 우리가 잘 알고 있는 태풍이라 부르지만, 북미 연안에서 발생한 것은 허리케인, 인도양과 호주 북부 해상에 발생한 것은 사이클론이라고 부르지요.

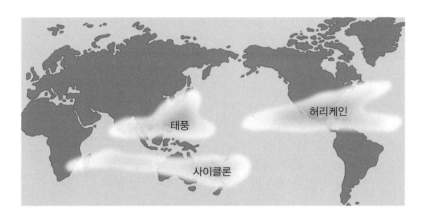

열대 저기압의 발생 지역

태풍은 발생 초기에는 무역풍의 영향으로 북서쪽으로 진행하다가, 위도 25°~30° 부근에서 편서풍의 영향으로 진로를 바꾸어 북동쪽으로 진행하는 포물선 궤도를 그리게 됩니다. 이렇게 태풍이 진로를 바꾸는 위치를 **전향점**이라고 하는데, 이 전향점을 지난 후에는 태풍의 진행 방향과 편서풍의 방향이 같은 방향이므로 이동 속도가 대체로 빨라지게 됩니다.

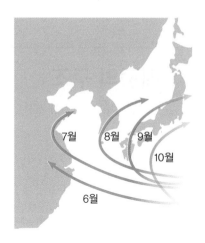

태풍의 진로

    태풍은 육지에 상륙하면 지표면과의 마찰이 커지거나 더 이상 수증기의 공급을 받지 못하므로 태풍으로서의 일생을 마치게 됩니다.

태풍의 구조

태풍은 반지름이 수백 km에 이르고, 전체적으로는 상승 기류가 발달하며, 상승한 공기는 상층에서 대부분 바깥쪽으로 향합니다. 또한 중심으로 갈수록 두꺼운 적운형 구름이 발달합니다. 이로 인해 많은 양의 비가 내리고 강한 바람이 부는 것이 태풍의 영향권에 있을 때의 날씨 상태임을 여러분은 이미 경험을 통해 잘 알고 있겠지요?

태풍에서 빼놓을 수 없는 것이 태풍의 눈입니다. 폭풍이 다가오기 전의 고요한 긴장의 상태를 비유하여, 엄청난 잠재력을 암시할 때 쓰는 표현이기도 합니다. 태풍의 바람은 가장자리에서 중심으로 갈수록 강해져서 태풍의 눈 주위에서 가장 강하게 불게 됩니다. 그렇지만 정작 태풍의 눈에서는 하늘이 맑아지고 강하게 불던 바람도 약해지게 됩니다. 오히려 약한 하강 기류가 나타나 마치 고기압의 중심에서 볼 수 있는 날씨처럼 맑고 깨끗한 하늘이 나타나는 것이지요. 거대한 저기압의 가장 중심에서 맑은 하늘이라니 참 신기하지 않나요?

그런데 왜 이런 현상이 생길까요? 태풍은 강한 회전을 하며 공기가 상승하게 되는데, 그 과정에서 발생하는 원심력 때문에 공기가 바깥으로 끌려 나가 중심부가 비워지게 됩니다. 그것을 채우기 위해서 상공에서 공기가 하강하게 됩니다. 공기가 하강하는 곳에서는 고기압의 중심에서처럼 구름이 소멸되면서 맑은 하늘이 나타날 수 있는 것입니다.

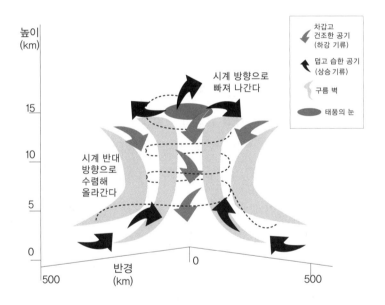

태풍의 구조

위험 반원과 안전 반원

　태풍이 발생한 곳에서 이동할 때 진행 방향에 대해 오른쪽 반원을 위험 반원, 왼쪽 반원을 안전 반원(가항 반원)이라고 합니다. 이름에서도 느낌이 들겠지만, 위험 반원의 영역에서는 태풍의 피해를 크게 입을 수 있기 때문에 각별한 주의를 필요로 하죠. 같은 거리에 있다 해도 오른쪽에 위치하는지 왼쪽에 위치하는지에 따라 피해의 정도가 다를 수 있다는 것인데, 대체 왜 이런 차이가 생기는 걸까요?

　위험 반원에서는 중심으로 불어 들어가는 저기압에서의 바람과 대기 대순환의 바람이 같은 방향이기 때문에 더해져 바람의 세기가 더욱 강해집니다. 반면에 안전 반원에서는 저기압에서의 바람 방향과 대기 대순환의 바람 방향이 다르기 때문에 풍속이 줄어들게 됩니다.

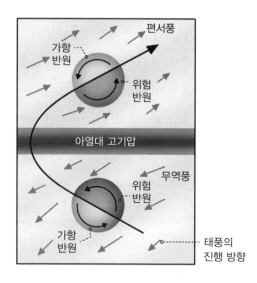

우리나라가 태풍의 영향권에 들어간다는 예보가 나오는 경우 우리나라가 위험 반원에 해당될지 안전 반원에 해당될지에 따라 그에 대한 대비의 정도도 달라질 수 있을 것입니다. 물론 태풍은 큰 피해가 따르기 때문에 어느 경우이든 철저히 대비하는 것이 당연하겠지만 말입니다.

열대 해상에서 수증기가 물방울로 응결하면서 발생한 잠열이 태풍의 에너지원인데, 그 과정에서 생긴 에너지가 많은 인명과 재산 피해를 줄 수 있을 정도의 강력한 힘이라니 역시 자연의 힘은 위대합니다.

태풍으로 인한 피해는 강풍과 많은 비로 인한 침수가 따릅니다. 농경지가 침수되거나 가옥이 붕괴되는 피해도 잇따르지요. 양식장이나 어선이 파괴되기도 해요. 이렇게 무시무시한 태풍이 큰 피해를 주는 것은 사실이지만, 우리에게 이로운 점도 많다는 사실을 알고 있나요?

태풍은 뜨거웠던 여름철의 가뭄과 더위를 해소시켜 주기도 합니다. 또한 큰 파도와 해수의 용승을 일으켜 산소와 영양 염류를 공급해 해양 생태계를 활성화시키는 역할도 하고 있습니다. 태풍의 두 얼굴이라고도 할 수 있겠지요?

우리나라도 심한 가뭄과 더위로 힘든 여름을 지내고 있을 때 스쳐 지나간 태풍이 비를 뿌리며 더위를 식혀주어, 사람들과 농작물이 무더위의 고비를 넘길 수 있었던 적도 있다고 합니다. 사람들은 그때 그 태풍을 효자 태풍이라고 불렀다고 해요. 큰 피해를 주지 않고 비를 내려 더위를 식혀준 데 대한 고마움의 표현이었나 봅니다.

4

태풍의 이름

태풍은 자연 현상 중에 유일하게 이름을 가지고 있습니다. 태풍의 수명은 대략 일주일 정도인데, 태풍이 주로 발생하는 시기에는 연이어 발생하기도 합니다. 따라서 그들을 구분해야 할 필요성이 있었던 것이죠.

태풍에 이름을 붙이기 시작한 것은 호주의 예보관들이었는데, 그들은 싫어하는 정치인들의 이름을 따서 태풍을 예보하기 시작했다고 합니다. 제2차 세계대전 직후 미 공군과 해군에서 공식적으로 태풍 이름을 붙여 사용했는데, 이때는 그리운 아내나 애인의 이름을 붙이다 보니 여성의 이름이 많았다고 합니다. 하지만 태풍이 인명과 재산에 큰 피해를 주면서 사람들에게 두려움의 대상이 되다 보니, 미국 플로리다주의 여성주의 운동가 록시 볼턴이 1968년부터 미국해양대기관리처에 태풍에 여성의 이름을 붙이지 말라고 항의했어요. 그 이후 태풍에 여성의 이름을 붙이는 관습이 사라졌다고 합니다.

전 세계는 1999년까지 미국 태풍합동경보센터에서 지은 태풍 이름을 사용했으며, 2000년부터는 태풍위원회에서 태풍에 관한 관심을 높이고자 아시아 지역 13개국의 고유한 이름과 미국의 이름을 함께 사용하고 있습니다. 미국 외 아시아 지역 13개국이라 함은 한국, 캄보디아, 중국, 북한, 홍콩, 일본, 라오스, 마카오, 말레이시아, 미크로네시아, 필리핀, 태국, 베트남입니다. 총 14개의 나라에서 국가별로 10개씩 제출하여 총 140개의 이름을 사용합니다.

한 번 태풍의 이름으로 선정되었다고 해도 그 태풍이 너무 큰 피해를 입히면 태풍의 이름 후보에서 퇴출되기도 합니다. 2020년 필리핀에 막대한 피해를 입힌 고니를 비롯하여 봉선화, 매미, 수달, 나비, 소나무, 무지개 등이 태풍 이름에서 퇴출된 불명예스러운 태풍들의 예입니다. 큰 사고를 치면 아웃시켜 버리는 것이지요. 태풍이 자신의 이름을 오래도록 보전하려면 큰 피해를 끼치지 말고 조용히 지나가는 것이 최고의 수명을 누리는 방법이 되겠지요?

Chapter
4

악기상

1

뇌우

뇌우는 강한 상승 기류에 의해 적란운이 발생하면서 천둥과 번개를 동반한 소나기가 내리는 현상입니다. 이러한 뇌우를 일으키는 구름은 뇌운이라고 하는데, 대부분 규모가 작기 때문에 일기도에 나타나지 않아 예측하기 매우 어렵습니다.

뇌우는 대기가 불안정할 때 잘 발생합니다. 대기가 불안정해지는 경우는 여러 상황이 있습니다. 강한 햇빛을 받은 지표면이 국지적으로 가열되어 공기가 빠르게 상승하면 대기가 불안정해집니다. 또 한랭 전선이 만들어지는 경우 찬 공기 위로 따뜻한 공기가 빠르게 상승할 때도 대기가 불안정해집니다. 온대 저기압이나 태풍에 의해서 강한 상승 기류가 발달하는 경우에도 발생합니다.

뇌우의 발달 과정은 총 3단계로 이루어져 있는데, 적운 단계, 성숙 단계, 소멸 단계를 거치게 됩니다.

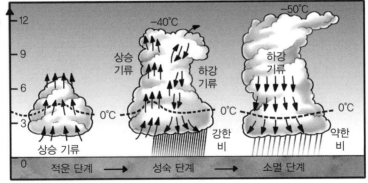

　적운 단계는 구름 내부의 온도가 주변 공기의 온도보다 높아 강한 상승 기류가 발달합니다. 적운이 급격하게 성장하는 단계로 강수 현상은 미약합니다.

　성숙 단계는 뇌운이 상층과 하층으로 전하가 분리되며 상승 기류와 하강 기류가 함께 나타납니다. 특히 하강 기류 지역에서 돌풍과 함께 강한 소나기가 내립니다. 천둥, 번개, 소나기 등이 주로 나타나는데 상승 기류와 하강 기류가 함께 발달하는 과정이 반복되면서 우박이 생성되기도 합니다.

　여러분은 우박이 내리는 것을 본 적이 있나요? 우박은 얼음 덩어리 형태가 비나 눈처럼 내리는 현상으로, 처음에는 싸라기눈으로 시작하여 강한 상승 기류로 인한 상승과 하강을 반복하면서 점점 크기가 커집니다. 크기가 커진 우박은 하강 기류를 만나거나 더 이상 상승할 수 없을 정도로 무거워지면 지표로 떨어지게 됩니다. 우박 역시 국지적으로 발생하는 것이라 내리는 시간이나 위치를 예측하기 어렵습니다.

우리나라의 과거 기록에도 우박에 대한 역사가 기록되어 있습니다. 고려시대부터 시작된 기록은 조선시대에 와서도 상세하게 기록되어 있습니다. 갑자기 내리는 이 현상은 농작물에 큰 피해를 입히기 때문에 옛날 선조들도 우박에 대한 기록을 남겨 대비하려고 했던 것 같습니다.

우리나라뿐만 아니라 다른 나라에서도 우박으로 큰 피해를 입은 사례는 많습니다. 1880년 4월 인도에 내린 우박의 크기는 지름이 7.2cm, 무게는 자그마치 1.7kg이나 되었다고 해요. 246명이 사망하고 1,600마리의 가축이 죽었다고 합니다. 2000년 1월 스페인에서는 무려 4kg의 우박이 떨어지기도 했다고 하니 바위가 떨어진 것과 다름이 없었겠어요. 하늘에서 갑자기 바위가 떨어진다고 상상해 보세요. 여러분이라면 이런 상황에 어떻게 대비할 수 있을까요?

뇌우의 소멸 단계에서는 구름 하층에서 상승 기류를 형성하는 따뜻한 공기의 유입이 줄어들면서 전체적으로 하강 기류만 남게 되어 구름이 소멸됩니다.

뇌우는 집중 호우, 우박, 돌풍, 번개 등을 동반하므로 아주 짧은 시간에 인명 피해 및 농작물 피해, 가옥 파괴 등 재산 피해를 가져옵니다. 번개 현상 중에서도 구름과 지표면 사이에서 발생하는 방전 현상인 낙뢰 또한 인명 피해를 가져오거나 산불의 원인이 되기도 합니다.

집중 호우

말 그대로 짧은 시간에 많은 양의 비가 내리는 현상을 집중 호우 또는 국지성 호우라고 부릅니다. 어느 정도가 많은 양일까요? 시간 당 30mm 이상의 비가 내리거나, 하루 동안 80mm 이상 또는 연 강 수량의 10% 이상의 비가 내릴 때를 많은 양이라고 판단합니다.

호우가 시간과 공간의 규모에 관계없이 많은 비가 연속적으로 내 리는 것이라면, 집중 호우는 수십 분~수 시간 정도 지속되고 반지름 10~20km 정도의 좁은 지역에 집중적으로 내릴 때를 의미합니다.

적란운이 한 곳에 지속적으로 머물 때 집중 호우가 발생합니다. 장 마 전선이나 태풍, 저기압의 가장자리에서 대기가 불안정할 때, 태풍 이 북상하면서 북쪽의 찬 공기와 만날 때 잘 발생합니다. 물론 많은 비로 인한 홍수나 산사태를 일으켜 인명과 재산에 피해를 주기도 합 니다.

폭설

겨울철에는 누구나 한 번쯤은 첫눈을 기다리는 마음을 가져 보았을 겁니다. 눈은 사람들의 마음을 여유롭고 들뜨게도 하지만, 비와 마찬가지로 그 양이 많아질 때면 우리에게 피해를 줄 수 있는 기상 현상 중 하나입니다.

짧은 시간에 많은 양의 눈이 내리는 것을 폭설이라고 정의합니다. 겨울철에 저기압이 통과하거나 시베리아 고기압이 이동하면서 따뜻한 해수면을 만나 열과 수증기를 공급받아 기단이 변질되는 과정에서 발생할 수 있습니다.

폭설이 내리면 도로 교통이 매우 불편한 상태가 되고 이에 따른 교통사고도 증가합니다. 양에 따라서는 시설물이 붕괴되고 눈사태가 발생하면서 인명과 재산 피해를 가져올 수 있습니다. 흰 눈이 내려 하얀 세상이 되는 모습은 너무 아름답지만, 폭설로 인한 피해는 결코 아름다울 수 없는 것 같습니다.

4

강풍

『오즈의 마법사』에는 회오리바람에 날려간 도로시 이야기가 나오지요? 정말 사람이 바람에 실려 먼 곳으로 이동될 수 있을까요? 아주 아주 센 바람이라면 가능할까요?

10분 동안의 평균 풍속이 14m/s 이상인 바람을 강풍이라고 합니다. 겨울철에 매서운 시베리아 고기압의 영향을 받을 때나 여름철에 태풍의 영향을 받을 때에 이런 바람이 불기도 합니다.

강풍이 불면 어떤 피해를 입을지 여러분도 짐작할 수 있겠지요? 간판이 떨어져 날아다니고, 전선이 끊어져 날릴 수도 있습니다. 다양한 시설물이 파괴되거나, 높은 파도로 인해 선박이 파손되거나, 어민들의 양식장에 피해를 줄 수도 있습니다.

여러분도 조심하세요. 혹시 도로시처럼 바람에 날아갈지도 모르니까요~

황사

요즘 우리나라 국민을 힘들게 하는 악기상 중 누구나 공감하는 현상이 나쁜 공기질을 유발하는 황사와 미세먼지가 아닐까요? 특히 봄에는 맑은 하늘을 바라보고 깨끗한 공기로 호흡할 수 있는 날이 며칠이나 될까 싶을 정도로 공기가 탁한 날이 많아졌습니다. 물론 최근에 와서는 봄뿐만 아니라 계절을 가리지 않고 나타나는 현상이 되어 버렸습니다.

건조한 사막 지대에서 바람에 날려 올라간 미세한 토양 입자가 상층의 편서풍을 타고 이동하다가 서서히 내려오는 현상을 황사라고 합니다. 우리나라에 영향을 주는 황사의 발원지는 주로 중국과 몽골의 사막 지대와 황하 중류의 황토 지대입니다. 토양이 얼었다가 녹는 3~5월에 주로 발생하고, 편서풍을 타고 우리나라를 거쳐 일본을 지나 태평양을 건너 북아메리카까지 날아갑니다.

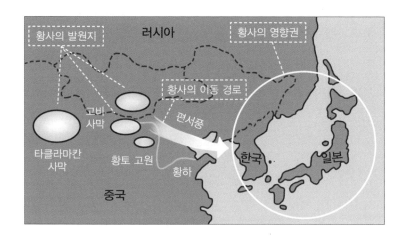

황사가 발생하려면 발원지의 토양이 건조하고 미세해야 하며, 강풍이 불거나 강한 상승 기류가 나타나야 합니다. 황사가 발생하면 어떤 피해를 입을까요? 뿌연 하늘과 답답한 시야가 가장 먼저 떠오릅니다. 일사량이 감소할 것이고 호흡이 불편해질 것입니다. 당연히 호흡기 질환자가 증가하겠지요. 정밀 기계의 오작동이 일어날 수도 있다고 합니다. 사람이나 동식물, 심지어 기계에까지 영향이 있다니 여간 불편한 현상이 아닐 수 없습니다.

최근에는 미세먼지로 인해 많은 사람이 불편함을 겪고 있지요? 여러분도 야외 활동을 하지 못하는 날이 많아짐을 느끼고 있을 겁니다. 미세먼지는 대기 중에 떠다니는 매우 작은 입자의 물질로, 크기가 10μm 이하인 PM10과 2.5μm 이하인 PM2.5로 구분합니다.

이들은 숨을 쉴 때 코점막에서 걸러지지 않고 바로 인체 내부까지 침투할 수도 있습니다. 자연 발생적인 것들도 있지만 가정의 난방,

취사의 과정에서나, 자동차나 공장 시설 등에서 발생되는 오염 물질이 미세먼지가 되는 경우도 많습니다. 국민의 건강에 미치는 영향력이 크기 때문에 환경부에서는 예보를 통해 주의와 대처 요령을 홍보하기도 합니다.

Chapter
5

해수의 성질

1

해수의 염분

물의 행성이라고 불리는 지구의 표면은 70% 정도가 바다로 이루어져 있습니다. 지구는 태양계의 어느 천체보다도 물이 풍부한 행성입니다. 바다의 면적은 3억 6,105만km²에 이르고, 해수의 부피는 13억 7,030만km³에 이릅니다. 전 세계 바다의 깊이를 평균하면 4,117m가 되고 최대 깊이는 11,034m라고 합니다. 지구 생명체를 탄생시킨 바다는 큰 축복이라고 할 수 있습니다.

담수와 다르게 해수에는 다양한 염류가 녹아 있는데, 원소로 치면 약 80종류가 녹아 있다고 합니다. 바닷물 1kg 안에 들어 있는 여러 염류의 함유량을 보면 염화 나트륨이 가장 많은 양을 차지하고 있으며, 뒤를 이어 염화 마그네슘, 황산 마그네슘, 황산 칼슘, 황산 칼륨 등 다양한 종류의 염류가 포함되어 있습니다.

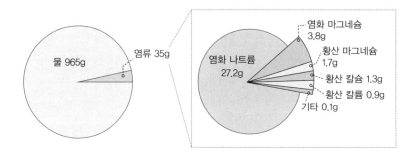

염화 마그네슘
3.8g

황산 마그네슘
1.7g

황산 칼슘 1.3g

황산 칼륨 0.9g

기타 0.1g

염화 나트륨
27.2g

물 965g

염류 35g

해수 1kg 속에 녹아 있는 염류의 총량을 g수로 나타낸 값을 염분이라고 정의하며, 단위는 psu(practical salinity unit; 실용염분단위)를 사용합니다. 이 단위는 액체의 전기 전도도를 측정한 단위로, 전기 전도도와 염분 사이의 일정한 관계를 이용하여 표시되는 값입니다.

전 세계 해수의 평균 염분은 약 35psu이며, 우리나라 주변 해수의 평균 염분은 약 33psu, 발트해에서는 10psu 이하, 홍해의 염분은 45psu입니다. 세계에서 가장 염분이 높은 곳은 아라비아반도에 있는 호수인 사해(死海, dead sea)입니다. 이곳의 염분은 약 300psu 정도로 해수 평균 염분의 9배 정도나 된답니다.

이렇게 해역마다 염분은 서로 다르지만 해수에 녹아 있는 염류들의 상대적인 비는 거의 일정합니다. 이것을 염분비 일정의 법칙이라고 합니다. 이런 방법을 통해서 염류 중에서 어떠한 한 성분이 차지하는 양을 알면 염분을 구할 수 있습니다.

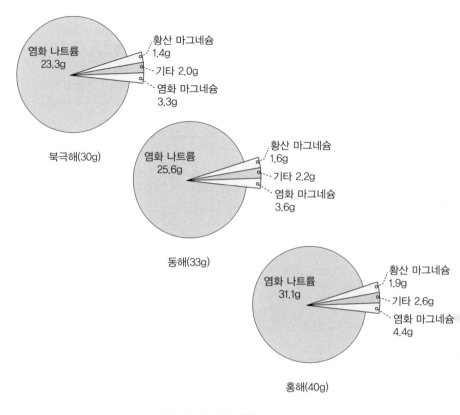

북극해(30g)

동해(33g)

홍해(40g)

염분비 일정의 법칙

다만 어떤 해역이라도 항상 염분이 일정한 것은 아닙니다. 바다의 표면층을 표층이라고 하는데, 이 표층의 염분을 변화시키는 중요한 요인이 있습니다. 바로 증발량과 강수량입니다.

집에서 먹던 국을 자꾸 끓이게 되면 국물의 짠맛이 강해지고, 여기에 생수를 붓게 되면 짠맛이 덜해져서 싱겁게 되는 것과 같아요. 증발량이 많아지면 염분이 높아지게 되고, 강수량이 많아지게 되면 염분은 낮아지게 됩니다.

또한 강물이 많이 유입되는 곳은 염분이 낮아지게 되고, 해수의 결빙과 해빙에 따라서도 염분이 달라집니다. 해수가 결빙되면 염류가 그 주위로 빠져나와 주변 해수의 염분이 높아지게 되고, 해빙이 되면 염분이 낮아지게 됩니다.

증발량에서 강수량을 뺀 값과 염분의 관계를 보면 그 경향이 거의 일치하는 것을 볼 수 있습니다. 적도에서 염분이 낮은 것도 적도 해역에 저압대가 위치하기 때문에 비가 많이 내리는 기후대에 속해 강수량이 증발량보다 많기 때문입니다.

염분이 가장 높은 곳은 중위도인데, 고압대가 형성되어 비가 잘 내리지 않기 때문에 증발량에 비해 강수량이 적기 때문입니다. 따라서 증발량에서 강수량을 뺀 값이 가장 큰 값을 보이고 염분의 최댓값이 나타나게 됩니다.

또한 대륙의 연안부보다는 해양의 중심부가 염분이 높은 경향을 보이는데, 연안부에는 대륙으로부터의 담수 유입이 더 많은 이유에서입니다.

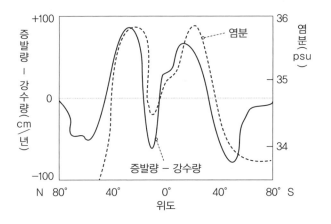

위도별 염분 분포

해수의 온도

표층 해수의 수온 분포는 적도 지방에서 약 30℃이며 고위도에서는 약 0℃ 정도의 분포를 보입니다. 온도에 영향을 주는 것은 단연 **태양 복사 에너지**입니다. 적도에서 가장 온도가 높고 고위도로 갈수록 낮아집니다.

수온은 태양 복사 에너지 외에 **대륙의 영향**도 받습니다. 대륙은 해양보다 비열이 작아서 해양보다 빨리 더워지고 빨리 식기 때문에 대륙이 많이 분포하고 있는 북반구는 남반구보다 수온이 높게 나타납니다.

표층 수온에 영향을 주는 또 다른 요인은 **해류**입니다. 난류가 흐르는 해역의 수온은 한류가 흐르는 해역의 수온보다 높습니다.

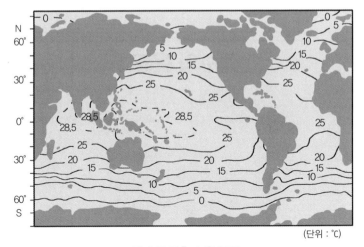

세계의 표층 수온 분포

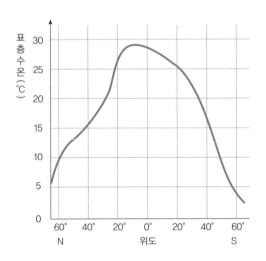

위도별 표층 수온 분포

해수의 연직 분포는 어떨까요? 해수의 표면에서 깊이가 깊어짐에 따라 수온은 어떻게 변할까요?

혼합층은 수온이 가장 높고 거의 변화가 없이 일정한 온도를 유지하는 층입니다. 태양 복사 에너지를 가장 많이 받고 있고 바람에 의한 혼합 작용이 영향을 주는 층입니다.

수온약층은 바람이 거의 영향을 미치지 못하기 때문에 태양 복사에너지를 많이 받는 위쪽의 온도가 높고 아래로 갈수록 온도가 낮아지는 층입니다. 수온은 급격하게 낮아져 매우 안정한 층입니다. 해수의 연직 방향의 움직임이 거의 없어 혼합층과 심해층의 물질과 에너지 교환이 잘 이루어지지 않습니다.

심해층은 수심이 깊어 태양 복사 에너지가 영향을 주지 못합니다. 따라서 깊이에 따른 온도의 변화가 거의 없습니다.

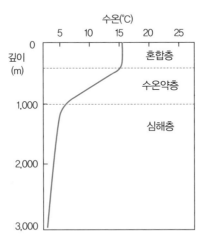

혼합층은 바람이 강할수록 그 두께가 두껍게 형성되겠지요? 우리 나라의 계절적 특징을 생각해보면 겨울철에 북서 계절풍이 강하게 불기 때문에 여름철보다는 겨울철에 혼합층이 발달합니다. 수온 약 층은 태양 복사 에너지를 많이 받는 지역에서 위와 아래의 온도 차가 많이 나타날 수 있는 조건이 만족되므로 더욱 현저하게 발달합니다.

이러한 해수 온도의 연직 분포는 위도별로 어떻게 다를까요?

혼합층은 저위도에서 그 두께가 얇고, 중위도에서 바람이 강하게 불어 두껍게 형성됩니다. 고위도에서는 혼합층이 형성되지 않습니 다. 저위도에서는 태양 복사 에너지가 강하게 들어오기 때문에 수온 약층이 잘 발달합니다. 고위도에서는 수온약층도 발달되지 않습니 다. 해수의 연직 분포 층상 구조가 가잘 잘 발달되는 곳은 중위도의 해역이라고 할 수 있습니다.

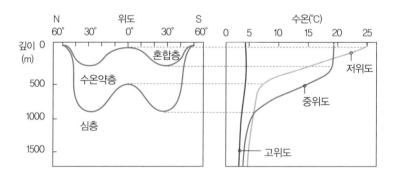

해수의 밀도

해수는 순수한 물보다 밀도가 약간 더 높습니다. 순수한 물의 밀도를 1g/cm³라고 할 때, 해수는 약 1.025~1.028g/cm³ 정도의 밀도 값을 가집니다.

해수의 밀도 역시 여러 요인에 의해 달라지는데, 그 요인으로는 수온, 염분, 수압 등이 있어요. 가장 영향을 많이 미치는 요인은 수온인데, 낮아질수록 염분이 높아집니다. 염분이 높을수록, 수압이 높을수록 해수의 밀도는 커지게 됩니다. 해수의 밀도가 변하면 해수의 연직 순환에 관여하여 심층 순환을 일으키는 원인이 됩니다.

해수 밀도의 수평적인 분포를 보면 적도 부근에서 가장 작고, 고위도로 갈수록 밀도가 커지는 경향을 보입니다. 밀도에 영향을 미치는 수온의 변화와는 반대의 경향을 보이는 것입니다.

또한 연직 분포를 보면 아래로 갈수록 밀도가 커지는 것을 알 수 있습니다. 유체의 성질상 밀도가 큰 것이 작은 것보다는 아래에 놓이게 되는 것이 당연하겠죠?

수심이 깊어질수록 온도는 낮아지고 밀도는 증가하는데, 좀 자세하게 살펴보면 밀도가 급격히 높아지는 층이 있습니다. 이를 밀도 약층이라고 부르며, 수온이 급격하게 변하는 수온의 약층과 거의 일치하는 경향을 보입니다.

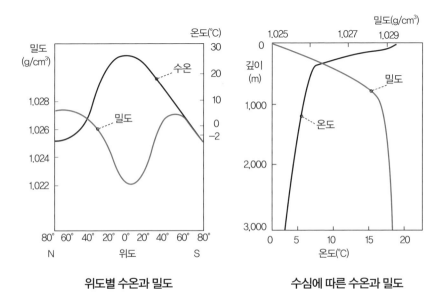

위도별 수온과 밀도　　　　수심에 따른 수온과 밀도

해수의 물리 화학적 특징에 영향을 미치는 중요한 요인들 간의 관계를 나타내는 것이 수온 염분도(T-S도)입니다. 세로축은 해수의 온도, 가로축을 염분으로 하여 수온과 염분, 밀도 사이의 관계를 나타낸 것입니다.

좌표 평면상에 연결된 선은 밀도가 같은 지점을 연결한 등밀도선입니다. 이를 바탕으로 염분이 34.4psu이고 수온이 5℃인 해수의 밀도를 알아보면 $1.026g/cm^3$에 해당하는 걸 알 수 있게 되는 것입니다. 여러분도 한번 찾아보세요.

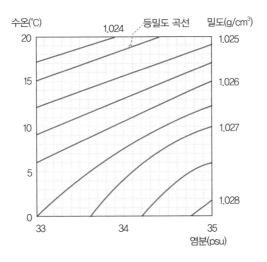

• 기단

기단이란 성질이 일정한 거대 공기 덩어리로, 우리나라에 영향을 주는 기단은 시베리아 기단(한랭 건조), 오호츠크해 기단(한랭 다습), 양쯔강 기단(온난 건조), 북태평양 기단(고온 다습), 적도 기단(고온 다습)이 있다.

• 전선

온난 전선 따뜻한 공기가 차가운 공기 위를 타고 올라가면 형성된다. 층운형의 구름에서 지속적인 비가 내리고 전선 통과 후에 기온이 상승한다.

한랭 전선 차가운 공기가 따뜻한 공기를 파고 들어가면서 형성된다. 적운형의 구름에서 소나기성의 비가 내리고 전선 통과 후에 기온이 하강한다.

• 온대성 저기압과 날씨

온난 전선의 앞쪽에는 층운형 구름이 발달하며 넓은 지역에 걸쳐 보슬비나 이슬비와 같은 지속적인 비가 내린다. 또한 기온이 낮고 남동풍이 분다. 온난 전선과 한랭 전선 사이는 맑은 날씨를 보이며, 기온이 높고 남서풍이 분다. 한랭 전선의 뒤쪽에는 적운형 구름이 발달하여 좁은 지역에 소나기성의 강수가 있다. 기온은 낮고 북서풍이 분다.

· 태풍

위도 5°~25°, 수온이 26℃ 이상인 열대 해상에서 발생하여 포물선을 그리며 고위도로 북상한다. 태풍 진행 방향에 대해 오른쪽 반원에 해당하는 지역은 위험 반원에, 왼쪽 반원에 해당하는 지역은 안전 반원에 해당한다. 태풍의 눈은 중심으로 갈수록 풍속이 증가하지만 구름이 거의 없고 풍속이 약해지는 고요한 상태를 말한다. 태풍은 육지에 상륙하거나 찬 해수면을 만나 수증기의 공급이 차단되면 그 세력이 급속히 약화된다.

· 악기상

뇌우는 번개를 동반한 폭풍우로, 잘 발달한 적란운에서 발생한다. 적운 단계 → 성숙 단계 → 소멸 단계를 거쳐 발달하며 인명 피해 및 농작물 파손, 가옥 파손 등의 재산 피해를 입힌다. 집중 호우는 짧은 시간 동안에 좁은 지역에 일정량 이상의 비가 집중적으로 내리는 현상으로, 강한 상승 기류에 의해 형성된 적란운에서 발생한다. 홍수나 산사태를 일으켜 인명 피해와 많은 재산 피해를 입힌다. 황사는 중국 북서부와 몽골의 건조한 황토 지대에서 바람에 날려 올라간 모래 먼지가 공기 중에 퍼졌다가 서서히 낙하하는 현상이다. 주로 봄철에 발생하지만 최근에는 겨울철에도 많이 발생하고 있다.

• 해수의 온도

표층 수온은 태양 복사 에너지를 많이 받는 저위도에서 가장 높고 고위도로 갈수록 낮아진다. 수온의 연직 분포는 바람의 영향을 많이 받는 혼합층, 수심에 따라 수온이 낮아지는 수온 약층, 수온이 낮은 상태로 일정한 심해층으로 구분한다.

• 해수의 염분과 밀도

해수의 염분은 평균 35psu로, 해역에 따라 차이는 있지만 염류들의 구성 비율은 일정하다. 해수의 표층 염분에 영향을 미치는 요인은 증발량과 강수량이며, 그 분포는 (증발량 - 강수량)의 분포와 거의 일치한다. 또한 중위도 해역은 염분이 높고 고위도 해역의 염분은 낮다. 표층 해수의 밀도는 수온이 낮아질수록, 염분이 높아질수록 밀도가 커진다. 따라서 수심이 깊어질수록, 저위도에서 고위도로 갈수록 수온이 낮아지므로 표층 해수의 밀도는 증가한다.

01 다음 그림은 우리나라 부근을 지나는 온대 저기압의 위치를 하루 간격
으로 나타낸 것이다.

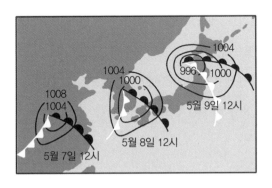

이에 대한 설명으로 옳은 것만을 〈보기〉 중에서 있는 대로 고른 것은?

〈보기〉

ㄱ. 5월 8일 12시에 부산 지방에는 소나기성의 강수 현상이 있을
것이다.

ㄴ. 온대 저기압은 편서풍의 영향을 받아 북동쪽으로 이동했다.

ㄷ. 3일 동안 제주도에 부는 바람의 방향은 시계 방향으로 변해
갔다.

---

① ㄱ   ② ㄴ   ③ ㄱ, ㄷ   ④ ㄴ, ㄷ   ⑤ ㄱ, ㄴ, ㄷ

02 다음 그림 (가)와 (나)는 우리나라 주변의 여름철과 겨울철의 일기도
를 순서 없이 나타낸 것이다.

(가)   (나)

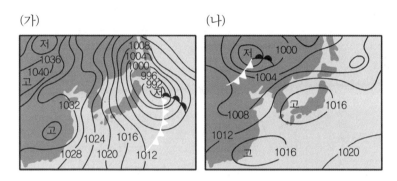

이에 대한 설명으로 옳은 것만을 〈보기〉에서 있는 대로 고른 것은?

─〈보기〉─

ㄱ. (가)는 겨울철의 일기도이다.

ㄴ. (나) 계절에 우리나라에는 북서풍이 강하게 불고 있다.

ㄷ. (가)에서 대륙의 고기압이 우리나라로 이동하면 하층이 냉각
   되면서 안정해진다.

① ㄱ   ② ㄴ   ③ ㄱ, ㄷ   ④ ㄴ, ㄷ   ⑤ ㄱ, ㄴ, ㄷ

03 다음 그림은 위도별 (증발량−강수량)과 표층 염분 분포를 나타낸 것이다.

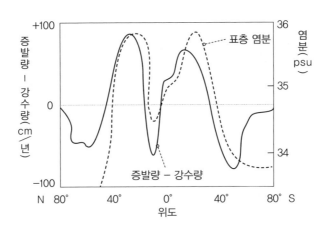

이에 대한 설명으로 옳은 것만을 〈보기〉에서 있는 대로 고른 것은?

─〈보기〉─

ㄱ. 표층 염분은 증발량이 많고 강수량이 적을수록 높다.

ㄴ. 적도 지방은 증발량이 많지만 저압대이기 때문에 표층 염분이 가장 낮다.

ㄷ. 표층 염분이 높은 지역은 고압대가 형성되는 곳이다.

① ㄱ ② ㄴ ③ ㄱ, ㄷ ④ ㄴ, ㄷ ⑤ ㄱ, ㄴ, ㄷ

04 다음 그림은 수온과 염분 변화에 따른 밀도 분포를 나타낸 것이다.

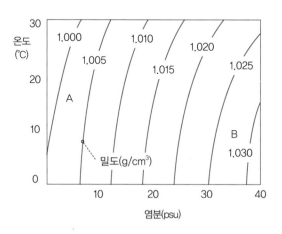

이에 대한 설명으로 옳은 것만을 〈보기〉에서 있는 대로 고른 것은?

─〈보기〉─

ㄱ. 수온이 일정할 때 염분이 높아질수록 밀도가 크다.

ㄴ. 염분이 일정할 때 수온이 낮아질수록 밀도가 크다.

ㄷ. 해수 A와 B가 만나는 경우 A가 B 아래로 가라앉는다.

① ㄱ　　② ㄷ　　③ ㄱ, ㄴ　　④ ㄴ, ㄷ　　⑤ ㄱ, ㄴ, ㄷ

1. ㄱ. 온대성 저기압의 영향권에서의 날씨는 지역에 따라 다양하게 나타납니다. 한랭 전선 뒤쪽에서는 적운형의 구름에서 소나기성의 강수 현상이 있고 온난 전선의 앞쪽에서는 층운형의 구름에서 지속적인 비가 내립니다. 5월 8일 12시에 부산은 두 전선 사이에 위치해 맑은 날씨를 나타냅니다. **따라서 틀린 보기입니다.**

ㄴ. 3일 동안 온대 저기압이 편서풍의 영향을 받아 북동쪽으로 이동해 가는 것을 알 수 있습니다. **따라서 맞는 보기입니다.**

ㄷ. 온대성 저기압이 이동하는 동안 온난 전선과 한랭 전선이 제주도를 차례로 통과하였습니다. 제주도의 풍향은 남동풍에서 남서풍으로 다시 북서풍으로 바뀌었기 때문에 시계 방향으로 변하게 됩니다. **따라서 맞는 보기입니다.**

∴ 정답은 ④입니다.

2. ㄱ. (가)는 대륙에 고기압이 분포하며 동고서저의 기압 배치를 하고 있는 것으로 보아 **겨울철의 일기도**이며, (나)는 해양에 고기압이 위치하며 남고북저형의 기압 배치를 하고 있는 **여름철의 일기도**입니다. **따라서 맞는 보기입니다.**

ㄴ. 겨울철에 우리나라는 대륙으로부터 차고 건조한 북서 계절풍이 강하게 부는 특징을 보이고 있습니다. **따라서 틀린 보기입니다.**

ㄷ. 대륙의 차고 건조한 기단이 우리나라 쪽으로 이동하게 되면 하층이 가열되고 수증기를 공급받으면서 기단의 변질이 일어나며 **불안정한 상태**가 됩니다. 때에 따라서는 적운형 구름이 발달하며 폭설이 내리기도 합니다. **따라서 틀린 보기입니다.**

∴ **정답은 ①입니다.**

3. 증발량 – 강수량의 분포와 해수의 표층 염분 분포는 비슷한 양상을 나타냅니다.

ㄱ. 표층 염분은 증발량이 많을수록, 강수량이 적을수록 높아집니다. **따라서 맞는 보기입니다.**

ㄴ. 적도 지방은 증발량이 많은 곳이지만 적도 저압대가 형성되는 곳이라 강수량이 많습니다. 따라서 표층 염분이 가장 낮은 값을 나타냅니다. **따라서 맞는 보기입니다.**

ㄷ. 표층 염분이 가장 높은 곳은 중위도 고압대입니다. 이곳은 고압대의 특성상 강수량이 많지 않기 때문에 가장 높은 염분값을 나타냅니다. **따라서 맞는 보기입니다.**

∴ **정답은 ⑤입니다.**

4. 해수의 밀도는 온도와 염분에 의해 변할 수 있습니다.

ㄱ. 온도가 일정할 경우에는 염분이 높을수록 밀도가 커집니다. **따라서 맞는 보기입니다.**

ㄴ. 염분이 일정할 경우에는 수온이 낮을수록 밀도가 커집니다. **따라서 맞는 보기입니다.**

ㄷ. 해수 A는 해수 B보다 온도는 높고 염분은 낮은 값을 가집니다. 따라서 온도가 낮고 염분이 높은 해수 B보다 해수 A의 밀도가 더 작은 값을 가집니다. 밀도가 작은 해수 A가 상대적으로 밀도가 큰 해수 B와 만나는 경우 B가 더 무겁기 때문에 아래로 가라앉게 됩니다. **따라서 틀린 보기입니다.**

∴ 정답은 ③입니다.

대기와 해양의
상호 작용

현재까지 밝혀진 바로는 지구는 다른 행성과 다르게 생명체의 생존에 유리한 대기층과 액체 상태의 물이 풍부한 바다를 가지고 있는 태양계의 유일한 행성입니다. 지구 생명체 중 공기와 물 없이 살아갈 수 있는 생물이 얼마나 될까요? 이렇게 중요한 대기와 해수는 서로 맞닿아 끊임없이 물질과 에너지를 교환하며 움직이고 있습니다.

이번에는 이 대기와 해양에 대해 알아봅시다.

지구의 온난화 징후

얼어 죽는 펭귄

지구 온난화로 인해 남극에 눈이 아닌 비가 내리면서 새끼 펭귄들이 마치 젖은 털 외투를 입은 것처럼 솜털이 젖어 체온을 유지하지 못하고 있다. 이로 인해 얼어 죽는 일이 늘어나고 있어, 향후 10년 안에 펭귄이 멸종할 것이라는 예측도 나오고 있다.

사라지는 빙하

2019년 미국 알래스카주는 기상 관측 이래 최고인 32도가 넘는 기온을 기록했다. 높은 기온으로 인해 빙하가 녹아내리고 있으며, 남극에서도 무서운 속도로 녹아 사라지는 빙하의 양이 40년간 6배나 늘어났다고 한다. 지구 얼음의 대부분인 남극 빙하가 녹으면 해수면은 5m 이상 상승할 것이라고 한다.

산호의 죽음

바다의 열대우림이라 할 만큼 다양한 생물종이 서식하는 고운 색깔의 산호초 군락이 백화현상으로 황폐화되어 가고 있다. 전 세계의 70%가 이미 피해를 입었고, 2100년이면 모든 산호초가 사라질 수도 있다는 경고가 나오고 있다.

가라앉는 섬

투발루는 호주에서 약 4,000km 떨어져 있는 섬나라로 산호섬 9개가 넓게 퍼져 있는데 국토의 평균 해발고도가 2m 미만이다. 하지만 해수면 상승으로 대부분 국토가 이르면 50년, 늦어도 100년 안에 사라질 것이라는 관측이 나오고 있다.

뎅기열 유행

뎅기열은 열대 · 아열대 지역에서 서식하는 뎅기 바이러스를 지닌 모기에 물려 감염된다. 북위 10° 와 남위 10° 사이의 모든 국가가 위험 국가이지만, 최근 해발 1,400m의 고산지대인 카트만두 계곡에서까지 거의 2천 명의 뎅기열 환자가 발생하는 등 지구 온난화의 여파로 뎅기열이 전 세계로 확산되고 있는 것으로 나타났다.

물 부족

기후 변화로 비가 너무 많이 내리거나 너무 적게 내리는 양극화 현상이 생기고, 온난화로 인해 해수면이 상승하면서 바닷물이 지하수로 유입되는 등 2080년까지 전 세계에서 30억 명이 물 부족을 겪을 것으로 추측하고 있다.

Chapter

1

해수의 표층 순환

대기 대순환

아주 오랜 옛날, 지구의 모양에 대해서 정확하게 알지 못하던 시절이 있었습니다. 지금은 지구가 구형에 가까운 타원형이라는 사실을 의심하는 사람이 거의 없을 것 같아요. 만약 지구의 모양이 네모형이었다면 지구의 어느 위치에 있든 같은 에너지를 받았을 거예요. 하지만 지구의 모양이 구형이므로 지구에서 받는 태양 복사 에너지의 양은 위도에 따라 달라집니다.

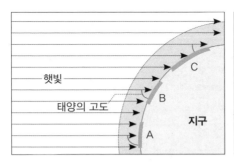
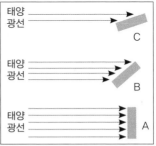

위도에 따른 태양 복사 에너지의 입사량 비교

적도에서 위도 38°까지는 흡수하는 태양 복사 에너지의 양이 방출하는 지구 복사 에너지의 양보다 더 많아서 에너지가 남게 되고, 위도 38°에서 극지방까지는 흡수하는 태양 복사 에너지의 양이 방출하는 지구 복사 에너지의 양보다 적어서 에너지 부족 현상이 발생하게 됩니다. 계속 이런 상태가 유지되면 고위도 지역은 점점 추워지고 저위도 지역은 점점 더워지는 현상이 생기겠지요.

그렇지만 다행히 지구에는 대기와 해양의 순환이라는 시스템이 있어요. 대기와 해양은 저위도 지역의 남아도는 에너지를 고위도 지역으로 이동시켜 연평균 기온을 일정하게 유지시켜 주고 있습니다. 위도 38° 부근 지역은 에너지의 평형이 이루어져 에너지 이동량이 없어 보이지만 사실은 에너지의 이동량이 가장 많은 지역입니다. 이렇게 에너지가 이동하는 것은 생명체 번성에 도움이 되는 매우 훌륭한 기작(기본 원리)입니다. 덕분에 지구는 비교적 일정한 온도를 유지하며 지구 생명체를 품고 있을 수 있는 것입니다.

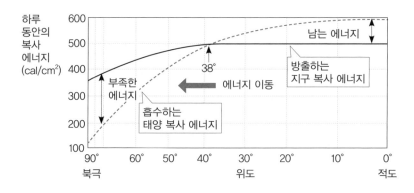

먼저 대기에 의해 에너지가 전달되는 대기의 운동에 대해서 공부해 봅시다. 지구를 둘러싸고 있는 약 1,000km 높이의 대기층은 어느 한순간도 멈추지 않고 움직입니다. 대기는 위도에 따른 에너지의 불균형과 지구 자전의 영향을 받아 순환하는데, 전 지구적인 대기의 순환을 대기 대순환이라고 합니다.

저위도의 남아도는 에너지가 고위도로 이동하는 순환은 하나의 순환 고리를 만들게 되는데, 그것을 순환 세포라고 부르도록 하겠습니다. 간단하게 생각하면 저위도에서 고위도로, 다시 저위도로 에너지를 이동시키는 1개의 순환 세포가 생길 것 같지만 지구의 대기 순환은 그리 간단하지 않습니다.

지구는 정지해 있는 것이 아니라 자전과 공전이라는 운동을 하고 있지요. 특히 자전으로 인한 전향력은 이러한 지구 대기의 대순환에 영향을 미치게 됩니다. 그래서 대기 대순환은 3개의 세포로 이루어진 순환 운동을 하게 됩니다. 3개의 순환은 적도에서 위도 30° 사이의 해들리 순환, 위도 30°~60° 사이의 페렐 순환, 60°에서 극 사이에서 일어나는 극 순환입니다.

지구의 자전과 무역풍과의 연관성을 설명한 해들리의 업적을 기려 열대 무역풍대의 대기 순환을 해들리 순환이라고 이름지었지만, 해들리 역시 그의 이론을 인정받지 못했다고 해요. 훗날 영국의 과학자 돌턴에 의해 이 이론은 지지받게 된답니다.

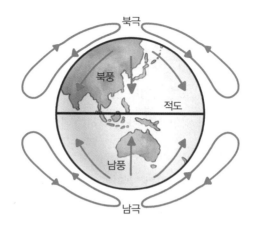

자전하지 않는 지구에서의 대기 대순환

자전하는 지구에서의 대기 대순환

적도에서 가열된 공기는 상승하여 고위도 쪽으로 이동하다가, 점차 냉각되어 위도 30° 정도에서 하강하여 다시 적도로 이동하는 순환을 하게 됩니다. 이 과정에서 북반구의 지표에서는 북동무역풍이,

남반구에서는 남동무역풍이 불게 됩니다. 이러한 순환이 해들리 순환입니다. 이 순환 과정에서는 적도 부근에서의 공기 상승으로 적도 저압대가, 위도 30° 부근에서도 고압대가 형성됩니다.

위도 30°에서 하강한 공기의 일부는 고위도 쪽으로 이동하여 위도 60°에서 상승하게 되는데, 이를 페렐 순환이라고 하며 지상에서의 바람인 편서풍을 형성합니다. 중위도에 위치한 우리나라는 이 편서풍의 영향을 많이 받습니다.

극 지역은 다른 곳보다 태양 복사 에너지를 받는 양이 적습니다. 이곳에서 냉각된 공기는 저위도 쪽으로 이동하고 위도 60° 부근에서 상승하여 극으로 이동하는 순환이 형성되는데, 이 순환을 극 순환이라고 합니다. 이때 지상에서 부는 바람인 극동풍이 불게 됩니다.

적도 지방은 강한 태양 복사 에너지로 인해, 극지방은 냉각된 공기에 의해 대기의 순환이 일어나게 됩니다. 이렇게 온도 차에 의해 발생하는 대기의 열 순환은 직접 순환이어서, 간접 순환보다는 좀 더 강하게 순환하게 됩니다.

직접 순환에는 해들리 순환과 극 순환이, 간접 순환에는 페렐 순환이 해당합니다. 물론 지구에서 일어나는 대기의 순환은 대륙과 해양의 분포, 계절에 따른 기압 배치의 변화 등 다양한 요소에 의해 복잡한 양상을 띠게 됩니다.

표층 해수의 순환

대기는 항상 지구적인 규모에서 일정한 방향으로 지속적인 운동을 하기 때문에, 그와 접하고 있는 해수를 움직이게 하는 요인이 됩니다. 지구상에는 40여 개의 해류가 존재한다고 해요. 해수면과 바람의 마찰에 의해 표층 해류가 형성되고, 수온과 염분 등의 요인으로 밀도 차이가 생겨 심층 해류를 만들어 냅니다. 해수가 전 지구를 순환하는 데 무려 2,000년 정도의 시간이 걸린다고 하니 바다의 표면에서 깊은 심해를 거쳐 다시 출발점으로 돌아오는 긴 여정이란 생각이 듭니다. 해수의 표면에서 일어나고 있는 일정한 흐름인 표층 해류는 대기 대순환의 영향을 상당히 많이 받습니다.

적도에서 위도 30° 사이의 해역에서는 무역풍의 영향으로 서쪽으로 해류가 흐르게 되고, 위도 30°~60°에서는 편서풍의 영향으로 동쪽으로 해류가 흐르게 됩니다. 이렇게 동서 방향으로 흐르던 해류가 대륙에 막히게 되면 남북 방향으로 갈라지게 되어 커다랗게 순환합니다.

이러한 순환은 아열대 해역을 중심으로 나타나게 되는데, 대표적인 아열대 순환의 예가 무역풍의 영향을 받아 흐르는 북적도 해류, 편서풍의 영향을 받아 흐르는 북태평양 해류, 대륙의 연안을 따라 흐르는 쿠로시오 해류와 캘리포니아 해류입니다.

태평양의 아열대 순환은 북반구와 남반구가 대칭을 이루는 편이며, 해류의 순환 방향은 북반구에서는 시계 방향으로, 남반구에서는 반시계 방향으로 흐름을 알 수 있습니다.

태평양의 아열대 순환	
북반구	북적도 해류→ 쿠로시오 해류→ 북태평양 해류 → 캘리포니아 해류 (시계 방향)
남반구	남적도 해류→ 동오스트레일리아 해류 → 남극 순환류 → 페루 해류 (반시계 방향)

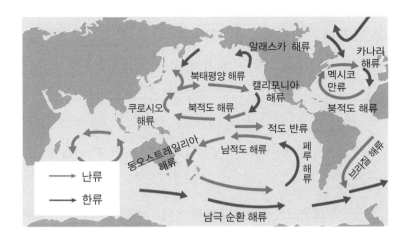

저위도에서 고위도의 연안을 따라 이동하는 해류를 난류, 고위도에서 저위도로 이동하는 해류를 한류라고 합니다. 해류는 이동하는 과정에서 주변 지역의 날씨에 영향을 주게 되는데, 난류는 열 에너지를 방출하고 한류는 열 에너지를 흡수하면서 그 부근 지역의 기후에 영향을 줍니다.

구분	수온	염분	용존 산소량	영양 염류
난류	높다	높다	적다	적다
한류	낮다	낮다	많다	많다

세계에서 가장 큰 난류인 멕시코 만류는 고위도로 이동하면서 영국, 아이슬란드 등 해안 지방의 기후에 영향을 주기 때문에 그 지역은 같은 위도의 다른 지역보다 온화한 기후를 나타냅니다.

우리나라 주변의 난류와 한류도 살펴볼까요? 우리나라 부근에 흐르는 난류의 근원은 쿠로시오 해류입니다. 쿠로시오 해류가 저위도에서 고위도로 올라오다가 갈라져 우리나라의 동해를 따라 흐르면 동한 난류이고, 쿠로시오 해류가 북상하다가 제주도를 지나 황해 쪽으로 흘러들면 황해 난류를 형성합니다. 황해는 수심이 얕고 조류의 영향이 강해서 황해 난류는 그 흐름이 동한 난류보다는 약하게 나타납니다.

한류는 오호츠크해에서 남하한 리만 해류의 한 갈래인 북한 한류가 있습니다. 이 해류는 동해에서 동한 난류와 만나 우리나라의 조경 수역을 형성합니다. 조경 수역은 난류와 한류가 만나는 곳으로 영양분이 풍부해 난류성 어종과 한류성 어종이 모여들어 좋은 어장을 형성합니다. 조경 수역의 위치는 계절에 따라 달라지며 최근에는 지구온난화로 조경 수역이 점차 북상하고 있습니다.

우리나라도 해류의 영향을 받아 난류가 흐르는 동해안 지역은 같은 위도의 서해안 지역보다 겨울철에 더 따뜻하며, 남해안은 항상 난류의 영향을 받아 온난하고 수온 변화가 적은 특징을 보입니다.

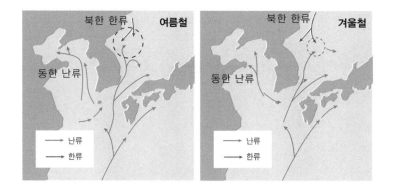

계절에 따른 조경 수역의 위치

Chapter 2

해수의 심층 순환

밀도류

해수의 표층 순환이 태양 복사 에너지와 바람의 영향을 받아 이루어졌다면, 밀도류는 밀도 분포에 의해 형성되는 해류입니다. 해수의 밀도에 영향을 미치는 요인으로는 수온과 염분의 변화를 들 수 있습니다.

전 세계 해수의 수온과 염분은 다양한 분포를 보이는데, 예를 들어 염분이 상당히 높은 해수와 낮은 해수가 만난다면 염분이 높은 물이 낮은 물을 밀어 올리면서 해수의 흐름이 생기게 됩니다. 표층 해수에서 수온이 낮아지거나 염분이 높아지면 밀도가 증가하여 아래로 침강하는 흐름이 형성되는 것입니다.

심층 순환

해수 수온의 연직 분포가 기억나시나요? 수온 분포에 따라 혼합층, 수온약층, 심해층으로 구분하였지요. 표층 순환 아래에서 일어나는 해수의 순환은 밀도 변화에 의해서 발생하는데, 이를 심층 순환이라고 합니다. 밀도는 수온과 염분에 의해서 주로 영향을 받게 되므로 이러한 심층 순환을 열염 순환이라고 합니다.

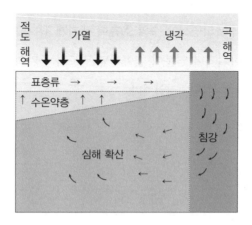

수온이 낮은 고위도 해역에서는 표층 해수의 침강이 잘 일어납니다. 고위도에서 가라앉은 해수가 저위도로 이동하여, 온대나 열대 지역의 넓은 바다에서 아주 천천히 상승하게 됩니다. 상승한 물은 표층 해류를 따라 다시 극지방으로 이동하여 냉각되고, 다시 침강하게 되는 순환을 하게 됩니다. 차가운 표층 해수가 가라앉게 되면 심해에 산소를 공급해 줄 수 있게 됩니다. 대서양은 태평양에 비해 염분이 높아서 심층 순환이 잘 이루어집니다.

북대서양의 심층수는 그린란드의 겨울철에 염분이 높은 해수가 냉각되어 밀도가 커지고, 심층으로 가라앉아 수심 1,500~4,000m 범위에서 넓은 범위로 퍼져 나가며 형성됩니다.

남극 저층수는 남극 주변의 웨델해에서 수온이 낮은 해수가 결빙되면서 염분이 높아지게 됩니다. 밀도가 커지게 된 해수는 가라앉고, 이렇게 가라앉은 해수는 전 세계 해수 중에서 수온이 가장 낮고 밀도가 가장 큰 해수가 됩니다. 이 해수는 대서양, 태평양, 인도양에서 4,000m보다 더 깊은 곳을 채우고 해저 지형을 따라 이동하며 흐릅니다.

남극 중층수는 남위 60° 부근에서 냉각되어 가라앉은 심층수인데, 수심 1,000m 부근에서 북쪽으로 이동합니다.

이제 세계 해수의 순환을 전체적으로 살펴볼까요? 다음 그림처럼 커다랗게 연결되어 순환하는 멋진 고리가 완성됩니다.

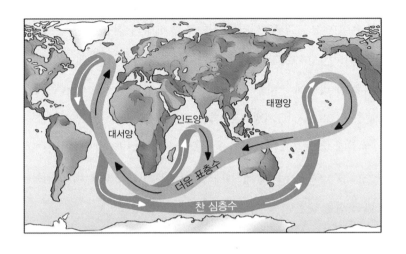

더운 표층수
찬 심층수
대서양
인도양
태평양

　북대서양 그린란드 주변 해역에서 냉각되어 침강한 물은 대서양 서쪽을 따라 남하해서 남극 저층수 위로 흐르며, 남극 주변에서 결빙에 의해 침강한 물과 함께 인도양과 태평양으로 흘러 들어갑니다. 이렇게 퍼져 나가던 물은 매우 느린 속도로 표층으로 용승하게 되고, 표층 순환을 따라 대서양을 거쳐 그린란드 주변 해역으로 흘러 들어갑니다.

　표층 순환과 심층 순환은 서로 연결된 큰 순환을 하며 컨베이어 벨트처럼 얽혀 전 지구를 순환합니다. 한 바퀴를 도는 데 대략 1,000년이 걸린다고 하니 참으로 긴 여행이라 할 수 있겠습니다. 대기의 대순환처럼 해수의 대순환 역시 저위도의 과잉 에너지를 고위도로 운반하여 지구의 에너지 균형을 유지하는 데 큰 역할을 하고 있습니다.

　최근 지구 온난화로 이상 기후가 세계 곳곳에서 빈번하게 발생하고 있는데, 이는 심층 순환에도 변화를 가져올 수 있습니다. 심층 순환뿐 아니라 서로 하나로 연결된 해수의 순환에 변화가 생긴다면 지구의 기후에 큰 영향을 미치게 될 수도 있습니다.

최근 지구 온난화로 북극의 빙하가 급격히 줄어들고 있다는 사실을 들어본 적이 있을 겁니다. 북극의 빙하가 녹은 물이 해수로 유입되면 표층 해수의 염분이 낮아지게 됩니다. 밀도가 작아지겠지요. 밀도가 작은 해수는 밑으로 가라앉지 않고 표층에 머무르게 될 겁니다. 심층 순환이 약해지고 따라서 표층 순환도 약해질 것입니다. 하나로 연결된 순환이니까요.

해수 순환의 역할은 열 에너지의 이동인데, 만약 순환이 잘 일어나지 않으면 고위도 지역은 저위도 지역으로부터 열 에너지를 잘 공급받지 못하게 되어 기온이 점차 내려가게 됩니다. 해수의 순환은 해양의 문제로 끝나는 것이 아니라 대기에도 큰 영향을 주기 때문에 전지구적인 문제를 야기하게 되는 것입니다.

Chapter
3

대기와 해수의 상호 작용

1

해수의 용승과 침강

온도가 높고 영양염류가 적은 표층 해수를 보충하기 위하여, 온도가 낮고 영양염류가 많은 심해의 해수가 표층으로 상승하는 흐름을 용승이라고 합니다. 이와는 반대로 표층 해수가 모여드는 해역에서 해수가 표층으로부터 심층으로 이동하는 흐름을 침강이라고 합니다.

용승은 형성 원인과 발생하는 지역에 따라 연안 용승, 적도 용승, 저기압에 의한 용승으로 구분합니다.

연안 용승은 해안가에서 바람이 바다 쪽으로 일정하게 불 때 일어납니다. 바람 때문에 해수가 바다 쪽으로 이동하면 해안가의 해수면이 낮아지게 되고, 이 낮아진 해수면을 보충하기 위해서 심층으로부터 해수가 용승하게 되는 경우입니다.

반대로 바람의 방향이 바다로부터 해안 쪽으로 불게 되면, 해수는 해안 쪽으로 이동하게 되고 해수면이 높아지게 되면서 해수면으로 이동한 해수는 아래로 침강하게 되겠지요.

적도 용승은 무역풍의 영향을 받는 적도 부근 해역에서 일어납니다. 적도의 북쪽 해역에서는 표층 해수가 북쪽으로, 적도의 남쪽 해역에서는 표층 해수가 남쪽으로 이동하기 때문에 적도 부근에서는 이를 채우기 위한 용승이 발생하게 됩니다.

기압의 변화로도 용승과 침강이 일어납니다. 북반구의 저기압 중심에서는 반시계 방향으로 바람이 불어 들어오므로, 표층 해수도 바람에 의해 주변부로 이동하게 되어 중심 해역에서는 용승이 일어나게 됩니다. 고기압 중심에서는 시계 방향으로 바람이 불어 나가므로 표층 해수가 고기압의 중심부로 모여들어 침강이 일어나게 됩니다.

용승이 일어나면 수온이 낮아 서늘하고 안개가 자주 발생합니다. 하지만 용승으로 인해 상승한 심해의 차갑고 영양염류가 많은 해수는 풍부한 산소와 영양염류를 제공하여 좋은 어장을 형성하게 하기도 합니다.

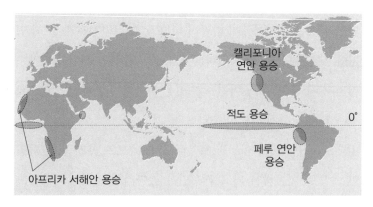

용승 지역

2

엘니뇨와 라니냐

적도 부근의 열대 태평양은 지구상에서 태양 복사 에너지의 유입이 가장 많은 곳입니다. 따라서 해수의 표면 온도 또한 다른 지역에 비해 높은 편이겠지요. 평소 서태평양의 해수면 온도는 높고, 동태평양은 상대적으로 낮아 서고-동저의 해수면 온도 분포를 보입니다.

그런데 대략 5년을 주기로 하여, 상대적으로 낮았던 열대 동태평양과 중태평양의 해수면 온도가 평상시보다 높은 상태로 수개월 이상 지속되는 현상이 나타납니다. 이 현상을 엘니뇨라 정의합니다.

수온이 높아지면 물고기의 어획량이 줄어들게 되어 사람들은 이 기간에 작은 크리스마스 파티를 열었다고 해요. 그래서 이런 현상에 대해 스페인어로 남자아이 또는 아기 예수를 뜻하는 '엘니뇨'라는 이름이 붙여졌다고 합니다.

엘니뇨는 최근에 새롭게 생겨난 현상은 아닙니다. 전 지구적인 이상 기후의 빈번한 등장으로 많은 사람이 관심을 갖기 시작했지만 실제로는 1만 년 전부터 등장했던 현상이라고 합니다. 엘니뇨와는 반대로 수온이 차가워지는 현상을 라니냐라 부르며, 남자아이의 반대인 여자아이란 뜻을 가지고 있습니다.

엘니뇨가 발생하면 어떤 현상이 발생할까요? 평상시에는 무역풍이 지속적으로 불어 해수 표면층의 따뜻한 바닷물이 서태평양에 모이고, 동태평양은 심해에서 차가운 바닷물이 솟아오르는 용승 현상이 발생합니다. 심해의 찬 해수가 올라오니까 당연히 수온이 낮아지겠지요? 상대적으로 수온이 높은 서태평양은 구름의 발생량이 많아지고 강수 현상이 빈번해질 것이며, 반면 수온이 낮은 동태평양은 건조한 상태가 될 것입니다.

그런데 엘니뇨로 인해 평상시보다 무역풍이 약해지면 동태평양 해역의 용승이 약화되어 수온이 상승하게 되고, 구름이 많이 발생하여 폭우와 홍수 등의 이상 기후가 나타나게 됩니다. 서태평양 부근에서는 평소보다 수온이 낮아지고 강수량은 감소하며 가뭄이나 산불 등이 발생하게 될 것입니다. 우리나라는 직접적인 영향을 받는 곳은 아니지만, 그 영향으로 여름에는 저온 현상이, 겨울에는 고온 현상이 나타나게 됩니다.

엘니뇨와는 반대로, 라니냐는 적도 동태평양의 수온이 평년보다 0.5℃ 이상 낮은 현상이 5개월 이상 지속될 때를 의미합니다. 서태평양에 따뜻한 바닷물이 집중되어 상승 기류가 발달하며, 장마나 홍수가 발생하고, 동태평양에는 차가운 바닷물 영역이 서쪽으로 확산되며 추위와 심한 가뭄이 나타나게 됩니다.

구분	모식도
평상시	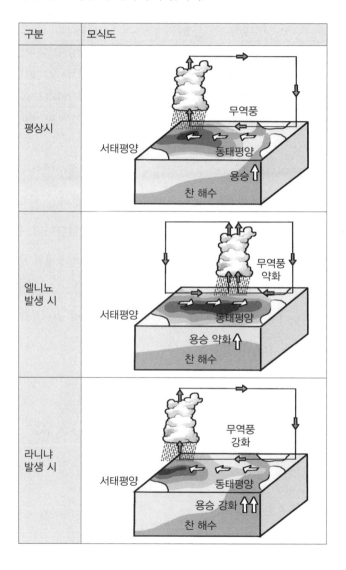
엘니뇨 발생 시	
라니냐 발생 시	

구분		해수면 높이	기압 분포
평상시	동태평양	낮다	고기압
	서태평양	높다	저기압
엘니뇨 발생시	동태평양	평상시보다 상승	평상시보다 하강
	서태평양	평상시보다 하강	평상시보다 상승
라니냐 발생시	동태평양	평상시보다 하강	평상시보다 상승
	서태평양	평상시보다 상승	평상시보다 하강

이러한 엘니뇨와 라니냐를 결정하기 위해서는 해수면의 온도에 대한 기준이 있어야겠지요? 엘니뇨와 라니냐를 판정하기 위해서 세계기상기구(WMO)는 nino 3.4라는 감시 구역을 정했습니다. 위도는 남위 5°~북위 5°, 경도는 서경 170°~120° 구역이며, 3개월 평균 해수면 온도가 평년보다 0.5℃ 높은 상태로 5개월 이상 지속될 때를 엘니뇨, 평년보다 0.5℃ 낮은 상태로 5개월 이상 지속될 때를 라니냐로 정의하고 있습니다.

3

남방 진동

무역풍의 영향을 받는 태평양의 열대 해역에서는 적도 해류가 동쪽에서 서쪽으로 흐르고, 동태평양에서는 용승이 일어납니다. 이 때문에 동태평양의 평상시 수온은 약 24~25℃, 서태평양은 약 29~30℃ 정도입니다.

서태평양에서는 공기가 상승하고 저기압이 발달하여 비가 자주 내리는 기상 현상이 나타나며, 동태평양에서는 지상에 고기압이 발달하게 되어 건조하고 맑은 날씨가 나타납니다. 이러한 열대 태평양에서의 동서 방향으로 일어나는 거대한 대기 순환을 워커 순환이라고 합니다.

엘니뇨가 발생하게 되면 무역풍과 용승이 약해지고 서태평양의 따뜻한 해수가 동태평양으로 이동해 오면서 공기의 상승 지역이 동쪽으로 이동하게 됩니다. 이로 인해 동태평양은 평소보다 비가 많이 내리고 허리케인도 많이 발생하게 됩니다. 서태평양에는 고기압이 형성되어 가뭄이 발생하는 등 평소와 기압 분포가 바뀌게 되는 상황이 발생합니다.

라니냐 때에는 무역풍과 동태평양의 용승이 더욱 강해지기 때문에 서태평양의 따뜻한 해수의 영역이 강화됩니다. 이로 인해 서태평양은 저기압이 더욱 발달하고, 동태평양에서는 고기압이 더욱 강하게 발달하게 됩니다.

1920년경 영국의 기상학자인 길버트 워커가 이처럼 동태평양과 서태평양 간의 기압 변화가 시소와 같은 연관성이 있음을 밝히고, 이를 남방 진동이라고 하였습니다. 서태평양 지역의 기압이 높아지면 동태평양 지역의 기압은 낮아지는 기압 분포의 시소 현상은 매우 느리고 불규칙하며 본래의 위치로 돌아오는 데 2~10년 정도가 걸리는 것으로 알려져 있습니다.

남방 진동 지수는 주로 SOI(Southern Oscillation Index)나 해수면 온도 편차를 지수화하여 나타내는데, SOI는 남적도 타히티와 호주 북부 다윈이라는 지점 사이의 기압 편차를 빼서 무역풍의 강도 편차를 구하는 것입니다. 해수면 온도 편차는 Nino4, Nino3.4, Nino3, Nino1+2 지역과 같은 적도 지역의 해수면 온도 평균에서 해당 시기의 해수면 온도 편차를 구한 지수를 통해 나타냅니다.

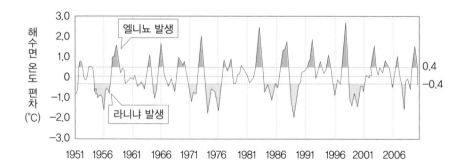

엘니뇨와 라니냐가 해수면의 온도 변화이고, 이에 따라 대기의 기압 분포의 변화가 일어나는 것이 남방 진동입니다. 대기와 해양은 상호 작용하고 있기 때문에 함께 연관되어 일어나는 해양과 대기의 현상을 합쳐서 엔소(ENSO) 또는 엘니뇨 남방 진동(El Ni o and Southern Oscillation)이라고 부릅니다.

Chapter

4

지구의 기후 변화

1

기후 변화의 자연적 요인

지구 온난화에 대한 우려와 함께 전 세계적으로 이상 기후가 잇따르고 있습니다. 그런데 지구의 오랜 역사를 지내오는 동안 기후는 항상 일정하게 유지되었을까요? 지구가 탄생한 이후 현재까지 지구의 기후는 계속 변해온 것으로 추정합니다. 그 원인에는 지구 내적 요인도 있고 외적 요인도 있습니다.

먼저 지구 내적 요인 중 가장 먼저 생각해 볼 수 있는 건 수륙 분포의 변화입니다. 지질시대 동안 판의 이동으로 대륙이 이동하면서 대륙과 해양의 분포에 변화가 생겼어요.

고생대 후반에는 하나로 합쳐진 대륙인 판게아로 인해 해류는 대륙 주변을 따라 고위도 해역까지 흐를 수 있었습니다. 이 때문에 저위도와 고위도의 온도 차이가 적었고, 대륙의 안쪽에는 건조한 기후가 발달했습니다.

중생대 중반에 판게아가 분리된 이후 대륙이 이동하여 좀 더 넓은 범위에 자리 잡았고, 해안이 더 넓어졌습니다. 해양의 영향을 받는 기후가 나타나는 지역이 많아지고 해류의 흐름도 좀 더 복잡해지게 되었지요.

신생대에는 오스트레일리아와 남아메리카 대륙이 남극에서 분리되었고, 북아메리카 대륙과 남아메리카 대륙이 연결되면서 북극해로 흐르던 따뜻한 해수의 유입이 줄어들게 되어 북극해 주변으로 빙하가 형성되었습니다.

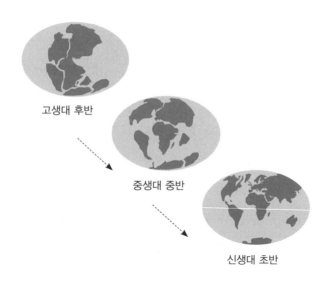

고생대 후반

중생대 중반

신생대 초반

지표면에 따른 반사율도 지구 기후 변화의 요인이 될 수 있습니다. 앞에서도 빙하의 면적이 변하고 있다고 언급했는데, 빙하는 반사율이 크기 때문에 빙하 면적의 감소는 지표면에 흡수되는 태양 복사 에너지양 증가의 요인으로 작용하게 됩니다.

사막화로 인해 지표면의 반사율이 증가하면 흡수되는 태양 복사 에너지양은 감소할 것입니다. 지표면의 상태가 변화함에 따라 반사율이 변하게 되고, 이로 인해 지표면에 흡수되는 태양 복사 에너지양이 달라져 결국 지구 평균 기온을 변화시키게 되는 겁니다.

지구 외적인 요인도 지구의 기후를 변화시키는 요인이 됩니다. 이를 천문학적 요인이라고도 표현합니다. 천문학적 요인 중 첫 번째는 지구 자전축의 변화입니다. 지구는 기울어진 자전축이 마치 팽이가 돌듯이 원뿔 모양을 그리면서 회전하고 있습니다. 그 주기는 약 26,000년 정도인데, 이를 세차 운동이라고 합니다.

지구 자전축이 가리키는 곳에 북극성이 있다고 하는데, 사실 북극성은 고정된 별이 아닙니다. 세차 운동의 영향으로 지구의 자전축의 방향이 바뀌게 되면 북극성의 위치도 바뀌게 됩니다. 기원전 3,000년 무렵의 북극성은 용자리의 알파별인 투반, 500년경까지의 북극성은 작은곰자리의 베타별인 코카브였으며, 현재의 북극성은 천구의 북극에서 0.7° 벗어난 곳에 자리 잡고 있습니다. 지구 자전축 방향의 변화로 14,000년경에는 거문고자리 알파별 베가가 북극성 자리에 놓이게 될 것입니다.

세차 운동의 영향으로 북극성의 위치만 바뀌는 것이 아니라, 지구의 계절에도 변화가 생기게 됩니다. 13,000년이 지나면 지구 자전축의 경사 방향이 반대가 되고, 공전 궤도상에서 여름과 겨울이 나타나는 위치도 달라집니다. 지구는 태양의 둘레를 타원 궤도로 공전하고 있는데, 현재 우리가 살고 있는 북반구는 지구의 공전 궤도상 원일점의 위치에서 여름을 맞게 됩니다.

그런데 13,000년이 지나 근일점에서 여름을 맞게 된다면 현재의 여름보다는 더 더운 여름이 되겠지요? 물론 현재 근일점에서 겨울을 맞고 있는 상황도 달라져 13,000년 후에는 원일점에서 겨울을 맞게 되는데, 이는 현재보다 더 추운 겨울이 된다는 의미입니다.

결론적으로 지구의 세차 운동으로 인해 태양 복사 에너지의 양을 받는 양이나 계절, 연교차의 변화가 생기게 되는 것입니다.

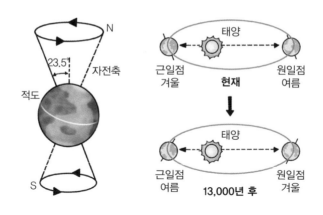

두 번째 지구 기후 변화의 외적 요인 또한 지구 자전축과 관련됩니다. 현재 지구의 자전축은 공전축을 기준으로 약 23.5° 기울어져 있습니다. 그런데 이것도 고정적인 것이 아니라 약 41,000년을 주기로 21.5°~24.5° 사이에서 변화하고 있는 값입니다.

지구는 자전축의 경사로 계절의 변화가 나타나고 있는데, 이 자전축의 경사 정도가 변한다는 것은 태양의 남중 고도가 바뀌고 태양 복사 에너지양의 변화로 이어진다는 뜻입니다. 자전축 경사가 증가하면 여름철은 지금보다 더 덥고 겨울철은 더 추워져 연교차도 커집니다.

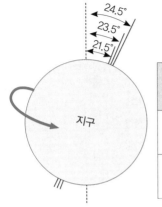

자전축 경사도 변화	계절	남중 고도 변화	기온 변화	연교차 변화
증가	여름철	증가	상승	증가
	겨울철	감소	하강	
감소	여름철	감소	하강	감소
	겨울철	증가	상승	

중위도 지역의 자전축 경사도 변화

세 번째 요인은 공전 궤도 이심률의 변화입니다. 지구는 태양을 초점으로 하는 타원 궤도를 따라 공전하고 있습니다. 그런데 타원의 이심률은 약 10만 년을 주기로 변화합니다. 이심률이 작아지면 타원에서 원에 가깝게 궤도가 변한다는 것인데, 이 경우 근일점은 태양으로부터 더 멀어지고 원일점은 태양과 더 가까워지게 됩니다.

타원 궤도로 공전하는 경우 근일점에 있을 때와 원일점에 있을 때의 거리 차이는 원형에 가까울 때보다 더 커지고, 태양 복사 에너지의 입사량 차이도 커지게 됩니다.

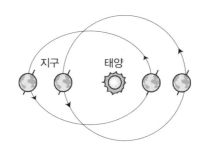

구분	계절	공전궤도 변화 (타원형 → 원형)	기온 변화	연교차 변화
북반구	여름철	태양과 가까워짐	상승	증가
	겨울철	태양과 멀어짐	하강	
남반구	여름철	태양과 멀어짐	하강	감소
	겨울철	태양과 가까워짐	상승	

공전 궤도 이심률의 변화

구 유고슬라비아 세르비아의 천문학자인 밀루틴 밀란코비치는 위에 설명한 세 가지 요인, 즉 세차 운동, 지구 자전축 기울기의 변화, 지구 공전 궤도 이심률의 변화 등이 복합적으로 작용하여 지구의 기후 변화 패턴을 결정한다는 수학적인 가설을 발표하는데, 이를 **밀란코비치의 이론**이라고 합니다.

해양저의 퇴적물에서 발견된 생물 유해 속의 탄소 동위 원소의 비나, 빙하 속에서 조사된 수소 동위 원소의 비 등은 지구가 과거 300

만 년 동안에 약 10만 년을 주기로 빙하기와 간빙기를 겪어왔음을 나타낸다고 합니다. 이 주기대로라면, 앞으로 지구의 기후는 어떻게 변화할까요?

밀란코비치의 순환을 적용해 보면 현재는 따뜻한 간빙기에 속합니다. 지금으로부터 약 5만~6만 년 후면 지구는 서서히 빙하기에 들어설 것 같습니다. 빙하기라니…. 생각만 해도 춥게 느껴지지요?

그렇지만 그 사이 지구에는 인류가 벌여 놓은 많은 일이 생겼어요. 천문학적인 요인대로 지구가 빙하기로 들어서게 될지, 아니면 인류의 문명에 의한 온난화의 영향을 받아 뜨거운 지구로 가게 될지…. 이 결과를 지켜보기엔 좀 시간이 오래 걸릴 것 같습니다.

게다가 태양으로부터 받는 에너지양이 변화할 수 있는 또 다른 변수로 태양의 활동이 있습니다. 태양의 흑점 수는 태양 활동에 따라 증가하기도 하고 감소하기도 합니다. 태양 활동이 활발하면 지구에 도달하는 태양 복사 에너지양도 증가하게 되어 지구의 기온에도 영향을 미치게 됩니다.

자그마한 행성 지구의 기후에 참으로 많은 요인이 작용하고 있네요. 앞으로 지구 기후의 변화는 과연 어디까지 진행될지 궁금해집니다.

인간의 활동과 기후 변화

오래전부터 지구의 기후에 인간의 활동은 거의 영향을 미치지 않았습니다. 하지만 산업 혁명 이후부터 서서히 시작하여 최근 일어나고 있는 기후 변화는 인간의 활동이 주요 원인일지도 모릅니다.

과도한 화석 연료의 사용으로 인한 온실 기체의 배출은 지구의 온도를 올려놓았습니다. 수증기, 이산화 탄소, 메테인, 산화 이질소 등의 온실 기체는 지표가 방출하는 적외선을 흡수하여 지구에 머무르게 하고 있지요.

대기 중으로 배출된 에어로졸은 태양 복사 에너지를 산란시키고 구름을 생성하는 핵으로 작용하여 구름의 양을 증가시킵니다. 구름은 지구의 반사율은 높이고 지표에 도달하는 태양 복사 에너지양을 줄이게 됩니다.

다양한 요인 중 어떤 요인은 지구의 온도를 올리는 작용을, 또 다른 어떤 요인은 지구의 온도를 내리는 작용을 하는데, 그 정도와 종류에 따라 지구의 기후는 변화할 수 있습니다. 또한 지표면 상태의 변화 등과 같은 요인도 지구의 기후 변화를 야기하고 있습니다.

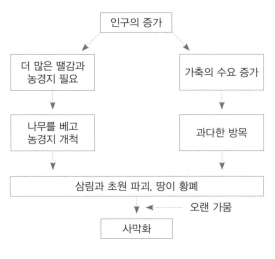

사막화 과정

과도한 경작, 가축 사육 등으로 심화되어 가는 사막화가 기후 변화를 일으키고, 그 기후 변화는 다시 사막화를 확대시키는 악순환으로 이어지고 있기도 합니다. 산림을 훼손하여 도로와 주택을 건설함으로써 진행되고 있는 도시화 또한 지표면의 반사율을 변화시켜 기후에 영향을 미치기도 합니다.

이처럼 인간의 활동이 기후 변화에 많은 영향을 미치고 있습니다. 이 모든 것들은 어떤 부메랑이 되어 돌아오게 될까요? 부디 인류에게 너무 큰 피해를 주는 부메랑은 아니었으면 합니다.

3

지구의 열수지

여러분은 어느 정도의 용돈을 받고 있나요? 용돈이 적다는 생각이 대부분이겠지요? 하지만 용돈이 늘 모자라기만 하다면 줄일 수 있는 지출이 없는지 살펴봐야 합니다.

지구는 마치 우리가 용돈을 받는 것처럼 매일 한 바퀴씩 자전하며 태양으로부터 에너지를 받고 있습니다. 받기만 할까요? 지구도 지구 복사 에너지의 형태로 에너지를 방출하고 있습니다. 태양으로부터 흡수하는 양과 지구가 방출하는 양의 균형이 잘 맞아야 지구 생태계가 큰 이변 없이 유지될 수 있는 것입니다. 에너지도 수입과 지출의 균형이 중요한 것이지요.

태양 복사 에너지는 주로 파장이 짧은 가시광선을 주된 에너지로 지구 대기를 거의 통과해 들어옵니다. 지구가 방출하는 에너지는 대부분 파장이 긴 적외선 영역의 에너지인데, 대기 중의 온실 기체에 의해 흡수됩니다. 이렇게 지표와 대기가 흡수하는 태양 복사 에너지양과 우주로 방출하는 지구 복사 에너지양이 같아야 지구의 온도가 내려가거나 올라가지 않고 일정한 연평균 기온을 유지할 수 있습니다.

온실 기체는 태양 복사 에너지는 거의 통과시키지만 지표에서 방출되는 지구 복사 에너지는 흡수했다가 재복사하여 지표의 온도를 상승시키는 역할을 합니다. 이런 역할을 하는 기체는 수증기(H_2O), 이산화 탄소(CO_2), 메테인(CH_4), 산화 이질소(N_2O), 오존(O_3), 염화 불화 탄소(CFC) 등이 있습니다.

사실 온실 효과는 지구의 생명체가 살아가는 데 매우 중요한 역할을 합니다. 지구의 평균 기온이 약 15℃로 유지되고 있는 것은 이와 같은 온실 효과가 있기 때문에 가능한 일입니다. 만일 온실 효과가 일어나지 않는다면 지구의 온도는 지금보다 훨씬 낮은 온도인 −18℃로 내려가게 된답니다. 영하 18℃의 평균 온도를 가진 지구에서 생명체가 거주하기에 적당한 곳이 과연 얼마나 될까요?

태양 복사 에너지

지구 복사 에너지

지구

지구에 대기가 없을 때
지구가 흡수한 태양 복사 에너지가 모두 지구 복사 에너지의 형태로 우주로 방출된다. 이때 지구의 평균 기온은 약 −18℃가 된다

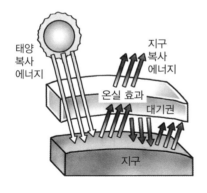

지구에 대기가 있을 때

지구가 흡수한 태양 복사 에너지 중
지표가 방출하는 지구 복사 에너지는
온실 기체가 흡수하였다가 일부를
지표면으로 다시 복사한다. 이때
지구의 평균 기온은 약 15℃가 된다

　지구의 열수지를 좀 더 자세하게 살펴보도록 하겠습니다. 지구에
입사하는 태양 복사 에너지의 양을 100%로 보면 그 중 지표면에 흡
수되는 양은 총 50% 중 45%, 지표면에 의해 반사되는 양은 5%입
니다. 대기와 구름에 흡수되는 양은 총 50% 중 25%, 반사되는 양은
25%입니다.

　그러므로 지표면과 대기와 구름에 의해 반사되는 총량은 30%, 지
구에 흡수되는 양은 70%가 됩니다. 지구 복사 에너지의 형태로 우주
로 빠져나가는 양도 70%이므로, 지구는 흡수된 양을 모두 방출하여
평형을 유지하고 있는 것입니다.

	태양 복사(단파 복사)					지구 복사(장파 복사)		
우주	−100% 태양 복사	30% 25%	5%	−70%		66% 4%		70%
대기	대기 및 구름에 의한 흡수 25% 반사 지표면의 흡수 반사			25%		대기의 복사 100% 지표면의 복사 전달열	8% 대류와 전도 21% 숨은열	−25%
지표면	45%			45%		88% −104%	−8% −21%	−45%

지구 전체	흡수(70)	태양 복사(100) − 지구 반사(30)
	방출(70)	대기와 구름(66) + 대기의 창에 의한 지표면 방출(4)
대기	흡수(154)	태양 복사(25) + 대류와 전도(8) + 잠열(21) + 지표면 복사(100)
	방출(154)	대기 재복사(88) + 대기와 구름(66)
지표면	흡수(133)	태양 복사(45) + 대기 재복사(88)
	방출(133)	대류와 전도(8) + 잠열(21) + 지표면 복사(104)

온실 기체와 지구 온난화

지구 온난화는 대기 중의 온실 기체량이 증가하여 대기가 더 많은 지구 복사 에너지를 흡수하고 재방출하게 되어 지구의 평균 기온이 상승하는 현상입니다. 현재까지 밝혀진 지구 온난화의 가장 큰 요인으로는 산업 혁명 이후 증가한 화석 연료 사용량 증가입니다. 이로 인해 대기 중의 온실 기체 농도가 증가하게 되었지요.

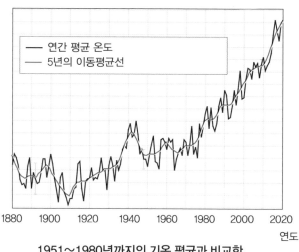

1951~1980년까지의 기온 평균과 비교한
1880~2018년까지의 육지-해양의 온도

온실 효과의 증대로 인한 지구 온난화 문제가 심각해짐에 따라, 국제 사회는 기후변화협약을 맺고 온실가스 감축을 위해 노력하고 있습니다. 2005년 발효된 교토의정서에서 정한 6대 온실가스는 이산화 탄소(CO_2), 메탄(CH_4), 산화 이질소(N_2O), 수소 불화 탄소(HFCs), 과불화 탄소(PFCs), 육불화황(SF_6)입니다.

우리나라에서도 온실가스에 대해 이산화 탄소, 메탄, 산화 이질소, 수소 불화 탄소, 과불화 탄소, 육불화황 및 그 밖에 대통령령으로 정하는 것으로 적외선 복사열을 흡수하거나 재방출하여 온실 효과를 유발하는 대기 중의 가스 상태의 물질이라고 정의하고 있습니다.

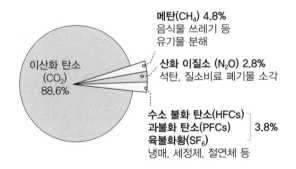

메탄(CH₄) 4.8%
음식물 쓰레기 등
유기물 분해

산화 이질소 (N₂O) 2.8%
석탄, 질소비료 폐기물 소각

이산화 탄소
(CO₂)
88.6%

수소 불화 탄소(HFCs)
과불화 탄소(PFCs) 3.8%
육불화황(SF₆)
냉매, 세정제, 절연체 등

이렇게 치솟고 있는 지구의 온도에 대한 심각성에 대하여 세계 여러 나라에서는 기후 변화 시나리오를 개발하였는데, 2008년부터 14개국의 기관들이 개발에 참여하여 대표농도경로(RCP) 기후 변화 시나리오를 이용해 미래 기후 변화를 전망하였습니다.

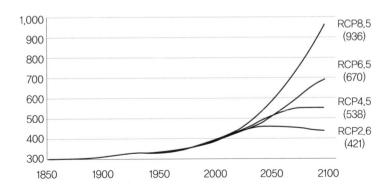

- RCP 2.6(CO₂ 농도 420ppm): 인간 활동에 의한 영향을 지구 스스로가 해결하는 경우
- RCP 4.5(CO₂ 농도 540ppm): 온실가스 저감 정책이 상당히 실행되는 경우
- RCP 6.0(CO₂ 농도 670ppm): 온실가스 저감 정책이 어느 정도 실현되는 경우
- RCP 8.5(CO₂ 농도 940ppm): 현재 추세로 온실가스가 배출되는 경우

이 시나리오에 의하면 어느 정도 이산화 탄소를 저감하기 위한 노력이 실현된다면 2.8℃ 기온 상승, 4.5% 강수량이 증가하겠지만, 기후 변화를 위한 노력 없이 현재 추세로 온실가스가 배출되는 경우 21세기 말에는 전 지구의 평균 기온은 4.8℃ 상승되고 강수량은 6.0% 증가할 것으로 예상하고 있습니다. 물론 노력의 정도에 따라 상황은 더 좋아질 수도 있겠지요.

그렇다면 지구 온난화로 인해 어떤 일들이 발생할 수 있을까요?

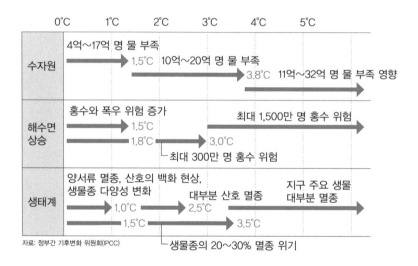

자료: 정부간 기후변화 위원회(IPCC)

지구 온난화로 예고되는 환경 재앙
2020년대: 1도 상승, 2050년대: 2~3도 상승, 2080년대: 3도 이상 상승

먼저, 기온이 올라가면 해수면 상승이라는 현상이 나타납니다. 해수는 열팽창으로 인해 부피가 증가하게 되고, 극지방의 빙하가 녹아

바다로 유입되면 해수면이 상승하게 되는 것입니다. 해수면이 상승하면 해안 지역의 도시와 경작지가 침수되며, 저지대의 생태계에는 혼란이 야기되고, 기온 상승으로 말라리아와 같은 온열성 질병이 확산할 것입니다.

강수량과 증발량에도 변화가 생기겠지요. 지역적으로 변화된 비정상적인 강수량과 증발량은 집중 호우, 홍수, 가뭄, 물 부족으로 이어질 것입니다. 엘니뇨와 라니냐의 변화로 남방 진동의 강도가 증가하며 해수 순환에도 이상이 생기겠지요. 고위도 해역의 수온이 높아져 대서양의 심층 순환이 약해지면 지역에 따라 이상 기후도 속출하게 될 것입니다.

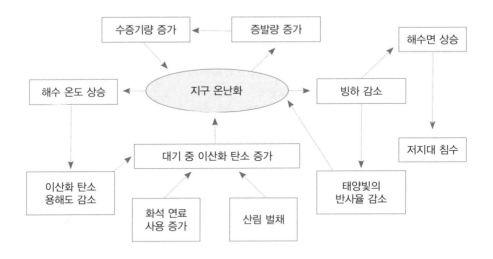

그야말로 인류는 환경 재앙에 직면하게 될 것입니다. 이미 이 재앙은 시작되어 기후 난민이 발생하고 있는 상황입니다.

그렇다면 우리가 사는 한반도의 기후 변화는 어떨까요? 우리나라는 최근 엄청난 경제 개발을 통해 발전을 이루어 왔습니다. 그 과정에서 지난 106년간 우리나라의 연평균 기온은 매 10년마다 약 0.18℃씩 상승한 것으로 보고됩니다.

최근 30년간 기온은 20세기 초인 1912~1941년보다 1.4℃나 상승하였으며, 2011~2017년까지는 연평균 기온이 무려 14.1℃로 가장 높은 기온을 나타냈습니다. 강수량 또한 대체로 증가해 왔으며 폭염 일수와 열대야 일수가 증가했습니다.

계절도 변하고 있습니다. 지난 106년 동안 우리나라의 계절 시작일은 봄은 13일, 여름은 10일이 빨라졌으며, 가을과 겨울은 각각 9일, 5일이 늦어진 것으로 밝혀졌습니다. 계절 지속일은 여름이 98일에서 117일로 19일이 길어졌지만, 겨울은 109일에서 91일로 18일이나 짧아졌습니다. 앞으로 2050년이 되면 여름은 더 길어지고 겨울은 더 짧아져, 어쩌면 우리나라 전역에서 흰 눈을 보는 것이 거의 불가능해질지도 모른다고 합니다.

월 년	1월	2월	3월	4월	5월	6월	7월	8월	9월	10월	11월	12월
2010	겨울		봄			여름				가을		겨울
2050	겨울 (−27일)		봄(+10일)			여름(+19일)				가을(−2일)		겨 울

RCP 8.5에 따른 한반도 계절 변화

전 세계의 국가들은 이런 심각성을 공유하고 함께 지구와 인류를 기후 재앙으로부터 구하기 위해 노력하고 있습니다. 1972년 로마클럽 보고서에 처음으로 지구 온난화를 다룬 이후, 세계기상기구와 국제연합환경계획에서는 이산화 탄소를 온난화의 주된 원인 물질로 선언합니다.

이후 1988년에는 각국 정부간 기후변화 협의체(IPCC)가 구성되었으며, 1992년 브라질의 리우 회의에서는 '기후변화에 관한 국제연합 기본 협약'을 채택하여 대기 중의 온실가스의 농도를 안정화할 것을 정하게 됩니다.

1997년 교토에서는 교토의정서를 채택하였습니다. 이는 온실가스 감축에 대한 법적 구속력이 있는 국제협약인데, 선진국의 온실가스 배출량 강제적 감축 의무 규정이 들어 있습니다. 감축 대상 가스는 이산화 탄소, 메탄, 산화 이질소, 수소 불화 탄소, 과불화 탄소, 육불화황 등 여섯 가지로, 해당 국가는 온실가스 감축을 위한 정책과

조치를 취해야 하며 그 분야는 에너지 효율 향상, 온실가스의 흡수원 및 저장원 보호, 신재생 에너지 개발 연구 등이 포함됩니다.

2015년에는 지구 평균 온도 상승 폭을 산업화 이전 대비 2℃ 이하로 유지하고, 나아가 온도 상승 폭을 1.5℃ 이하로 제한하기 위해 파리 협정을 채택하여 지구 온난화를 줄이기 위해 노력하고 있습니다.

우리나라는 이산화 탄소 배출 순위나 국민 1인당 이산화 탄소 배출 순위가 모두 상위에 올라 있는 기후 깡패라는 불명예를 안고 있습니다. 우리가 할 수 있는 노력은 무엇일까요?

가장 심각한 문제가 되는 온실 기체를 줄이기 위해서는 화석 연료의 사용 대신 신재생 에너지의 사용을 확대하는 방법이 있습니다. 태양열, 태양광, 수력, 조력 등 화석 연료를 대체할 수 있는 다양한 에너지의 사용이 점차 확대되고 있습니다. 또한 에너지를 절약하고 효율을 높이는 기술을 개발하는 방법이 있습니다. 자동차의 경우 내연기관이 작동할 때 배출되는 이산화 탄소의 양을 줄이는 방법도 있겠습니다.

최근에는 이산화 탄소 포집 및 저장 기술이 개발되었는데, 발전소나 제철소 같은 대형 이산화 탄소 발생 시설에서 포집된 이산화 탄소를 지하 1,000m 이하의 심해저에 장기간 저장하는 방법입니다. 대기권에 에어로졸을 뿌리거나 우주에 반사막을 설치하는 등 지구에 입사하는 태양 복사 에너지의 양을 줄이기 위한 방법도 고려되고 있습니다.

인류와 지구 생명체가 지구에서 살아남기 위해 인류는 앞으로 온실가스와의 혹독한 전쟁을 치러야 할지도 모르겠습니다. 이에 우리가 실천할 수 있는 몇 가지 제안을 해보겠습니다.

첫째, 실내 온도 적정하게 유지하기입니다. 지나친 난방과 냉방을 자제하고 에너지를 절약하는 방법입니다.

둘째, 개인 승용차 사용을 줄이고 대중교통을 이용하는 것입니다. 지구의 건강뿐만 아니라 나의 건강도 지킬 수 있는 방법입니다.

셋째, 친환경 제품을 사용하는 것입니다.

넷째, 쓰레기를 줄이고 다시 사용할 수 있는 물건을 재활용하는 방법입니다. 쓰레기라고 여겨지는 물건도 조금만 신경 쓴다면 다시 좋은 자원으로 재탄생할 수 있습니다.

다섯째, 전기 제품 올바르기 사용하기입니다. 오래 사용하지 않는 플러그를 뽑아두는 것은 조금 귀찮지만, 에너지를 절약할 수 있는 방법이기도 합니다.

여섯째, 나무를 심고 가꾸는 방법입니다. 소나무 1그루는 연간 5kg의 이산화 탄소를 흡수한다고 합니다. 녹색 식물은 지구를 소생시킬 수 있는 고마운 생명체입니다.

• **대기 대순환**

　자전하지 않는 지구에서는 적도 지역에서 가열된 공기가 상
승하여 극으로 이동하고 극 지역의 차가운 공기는 하강하여
적도로 이동한다. 자전하는 지구에서의 대기 대순환은 기압
차이에 의해 남북 방향으로 이동하다가 지구 자전의 영향을
받아 동서 방향으로 이동하게 되어 3개의 순환 세포가 형성
된다(해들리 순환, 페렐 순환, 극 순환).

• **표층 해류**

　해수의 표층 해류는 바람과 해수의 마찰에 의해 생기는 해류
이다. 따라서 해류의 방향은 각 위도에서 부는 바람의 방향과
유사하다. 무역풍에 의한 해류는 북적도 해류, 남적도 해류,
편서풍에 의한 해류는 북태평양 해류, 북대서양 해류, 남극
순환 해류가 있다. 표층 해류의 역할은 저위도의 남는 에너지
를 에너지가 부족한 고위도로 운반하여 지구의 위도별 에너
지 불균형을 해소하는 역할을 한다.

• 해수의 심층 순환

밀도류는 해수의 수온과 염분 변화로 인한 밀도 차이로 발생한다. 이때 밀도가 커진 표층 해수는 아래로 침강하여 심층해수가 형성된다. 심층 순환은 수온약층 아래의 심해층에서 밀도 차이에 의해 일어나는 순환으로, 주요 요인이 수온과 염분이기 때문에 열염 순환이라고도 한다. 심층 순환은 용존 산소가 풍부한 표층 해수를 심해층에 운반하여 산소를 공급하고 위도별 에너지의 불균형을 해소하는 역할을 하며, 대서양은 태평양에 비해 염분이 높아서 심층 순환이 잘 이루어진다.

• 세계 해수의 순환

북대서양 그린란드 주변 해역에서 냉각되어 침강한 물은 대서양의 서안을 따라 남쪽으로 흐르다가 남극 주변의 웨델해에서 결빙에 의해 침강한 물과 함께 인도양과 태평양으로 퍼져 나간다. 점차 수온이 높아진 물은 아주 느린 속도로 상승하게 되고, 상승한 물은 표층 해수와 연결되어 흐르다가 다시그린란드 주변 해역으로 유입되어 표층 순환과 심층 순환이연결된 큰 순환을 이루게 된다.

- **용승과 침강**

　용승은 해수면 위에서 부는 바람에 의해 해수가 발산하면 이를 보충하기 위해 심해의 차가운 해수가 표층으로 올라오는 현상이다. 침강은 해수면 위에서 부는 바람에 의해 해수가 수렴하면 표층의 따뜻한 해수가 심해로 내려가는 현상이다.

- **엘니뇨와 라니냐**

　엘니뇨는 무역풍이 약할 때 발생하며, 동에서 서로 흐르는 표층 해류가 약화된다. 동태평양의 용승이 약화되고 표층 수온이 상승하며 서태평양의 표층 수온은 하강한다. 라니냐는 무역풍이 강할 때 발생하며, 동에서 서로 흐르는 표층 해류가 강화된다. 동태평양의 용승이 강화되고 표층 수온이 하강하며 서태평양의 표층 수온은 상승한다. 엘니뇨와 라니냐는 대기와 해양의 상호 작용으로 발생하며, 전 지구적인 기후 변화의 원인으로 작용한다.

- **기후 변화의 원인**

  기후 변화의 자연적 요인은 지구 내적 요인과 외적 요인으로
  생각해 볼 수 있다. 지구 내적 요인은 수륙 분포의 변화, 지표
  면의 반사율 변화, 대기의 에너지 투과율 변화, 기권과 수권
  의 상호 작용 등이 있다. 지구 외적 요인은 지구의 세차 운동,
  지구 공전 궤도의 이심률 변화, 지구 자전축 기울기의 변화가
  있다.

- **지구 온난화**

  온실 기체의 증가로 온실 효과가 증대되어 지구의 평균 기온
  이 상승하는 현상이다. 지구 온난화의 영향은 해수면의 상승
  과 기상 이변과 기후대의 변화, 강수량과 증발량의 변화로 생
  태계를 위협하는 다양한 피해 사례가 나타나고 있다. 지구 온
  난화의 방지 대책은 화석 연료 사용을 억제하고 신재생 에너
  지 사용을 확대하는 것이다. 또한 삼림 면적을 확대하거나 이
  산화 탄소를 포집, 저장하여 대기로 유입되는 이산화 탄소의
  양을 줄여야 한다. 지구에 흡수되는 태양 복사 에너지의 양을
  줄이는 방법도 개발되어야 한다.

01 다음 그림은 대기 대순환에 의해 형성되는 북반구의 대류 순환 세포
를 나타낸 것이다.

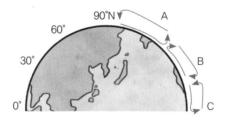

A, B, C 순환 세포의 이름을 밝히고 그 형성 과정을 서술하시오.

02 다음 그림은 북반구와 남반구의 태평양 해역의 표층 해류 순환을 모식적으로 나타낸 것이다.

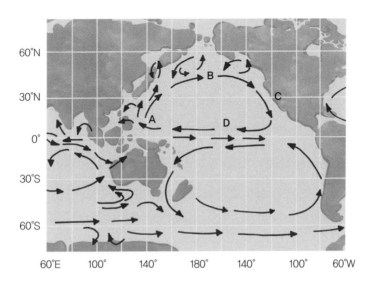

이에 대한 설명으로 옳은 것만을 〈보기〉 중에서 있는 대로 고른 것은?

---〈보기〉---

ㄱ. A와 C는 한류이다.

ㄴ. A와 C는 대륙의 지형 분포의 영향을 받아 흐르는 해류이다.

ㄷ. 북반구와 남반구의 아열대 해역의 해수 순환 방향은 서로 같은 방향이다.

① ㄱ   ② ㄴ   ③ ㄱ, ㄷ   ④ ㄴ, ㄷ   ⑤ ㄱ, ㄴ, ㄷ

03 다음 그림은 태평양 적도 해역에서 평년 표면 수온 분포에 대한 수온
   편차를 나타낸 것이다.

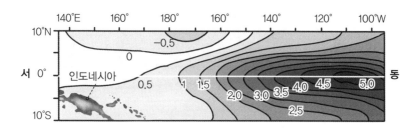

이에 대한 설명으로 옳은 것만을 〈보기〉 중에서 있는 대로 고른 것은?

┌─〈보기〉───

  ㄱ. 무역풍이 평년보다 강할 때 발생한다.

  ㄴ. 동태평양의 용승이 약해진다.

  ㄷ. 서태평양 인도네시아 부근의 강수량은 평년보다 적어진다.

└───

① ㄱ   ② ㄴ   ③ ㄱ, ㄷ   ④ ㄴ, ㄷ   ⑤ ㄱ, ㄴ, ㄷ

04 다음 그림은 태양 복사 에너지를 100으로 하였을 때 복사 평형을 이루고 있는 지구의 열수지를 나타낸 것이다.

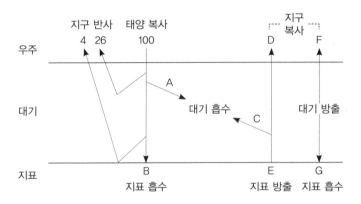

이에 대한 설명으로 옳은 것만을 〈보기〉 중에서 있는 대로 고른 것은?

───〈보기〉───

ㄱ. 4 + 26은 D + F의 값과 같다.

ㄴ. A + C = F + G이다.

ㄷ. B는 70이다.

① ㄱ   ② ㄴ   ③ ㄱ, ㄷ   ④ ㄴ, ㄷ   ⑤ ㄱ, ㄴ, ㄷ

1. **A는 극 순환 세포**로 극지방에서 냉각된 공기가 하강하여 저위도로 이동하다가 위도 60° 부근에서 상승하게 되는 순환을 하게 됩니다. **B는 페렐 순환 세포**로 위도 30° 부근에서 고위도로 올라간 따뜻한 공기는 위도 60° 부근에서 극지방에서 내려온 찬 공기와 만나 상승 기류를 형성합니다. **C는 해들리 순환 세포**이며 적도에서 가열된 공기가 상승하여 고위도로 이동하면서 냉각되어 위도 30° 부근에서 하강하면서 형성됩니다.

2. **A는 쿠로시오 해류, B는 북태평양 해류, C는 캘리포니아 해류, D는 북적도 해류입니다.**

   ㄱ. A는 저위도에서 고위도로 흐르는 난류, C는 고위도에서 저위도로 흐르는 한류입니다. **따라서 틀린 보기입니다.**

   ㄴ. A와 C는 대륙의 영향을 받아 남북으로 흐르고, B와 D는 무역풍의 영향을 받아 동서 방향으로 흐릅니다. **따라서 맞는 보기입니다.**

   ㄷ. 북반구와 남반구에서 표층 해수의 지속적인 흐름은 대기 대순환의 영향을 받아 흐르게 됩니다. **따라서 틀린 보기입니다.**

   ∴ **정답은 ②입니다.**

3. 그림은 표층 수온이 평년보다 높은 엘니뇨 시기를 나타냅니다.

ㄱ. 엘니뇨는 무역풍이 약할 때 발생합니다. **따라서 틀린 보기입니다.**

ㄴ. 적도 해류의 세기가 약해져서 동태평양의 용승이 약해지고 서쪽으로 표층 해수의 이동이 적어 동태평양의 표층 수온이 높아집니다. **따라서 맞는 보기입니다.**

ㄷ. 서태평양 지역에는 가뭄이, 동태평양 지역에는 홍수 등의 기상 이변이 일어나기도 합니다. **따라서 맞는 보기입니다.**

∴ **정답은 ④입니다.**

4. ㄱ. 지구는 복사 평형 상태를 이루고 있기 때문에 태양 복사 에너지양 100 중 지구가 반사한 30을 뺀 나머지인 70과 지구 복사 에너지양인 D + E의 값이 같아야 합니다. **따라서 틀린 보기입니다.**

ㄴ. 대기가 흡수한 A + C의 양과 대기가 방출한 F + G의 값이 같아야 합니다. **따라서 맞는 보기입니다.**

ㄷ. 태양 복사 에너지 중 지구에 흡수한 양은 대기가 흡수한 A와 지표가 흡수한 B를 합친 70입니다. **따라서 틀린 보기입니다.**

∴ **정답은 ②입니다.**

별과 외계 행성계

여러분은 은하수를 본 적이 있나요? 도시의 밝은 조명은 우리가 눈으로 볼 수 있는 별들을 보이지 않게 만들어버리기 때문에 제대로 본 적이 없을 수도 있겠네요.

누구에게나 북극성과 북두칠성에 얽힌 신화를 들으며 호기심과 신비로운 상상을 했던 어릴 적 기억이 있을 겁니다. 별들도 사람의 인생처럼 우주 안에서 탄생하고 죽음에 이르기까지 다양한 변화를 겪는답니다.

우리가 상상할 수 없을 정도로 넓고 넓은 우주에 사는 수많은 별의 생애를 들여다보도록 하겠습니다.

인물로 보는 분광학의 역사

뉴턴

빛의 성질을 밝히기 위하여 여러 가지 스펙트럼 실험을 했으며, 물질을 태울 때 나오는 빛의 스펙트럼을 분석하여 물질의 성분과 성질을 알아내기도 했다. 1666년 태양의 연속 스펙트럼을 관측하였다.

프라운호퍼

태양 스펙트럼에서 보이는 검은 선에 대해 체계적으로 연구하고, 어두운 부분의 파장에 대해 정밀하게 측정하였다. 570개가 넘는 선을 구분하고, A부터 K까지의 문자로 주요한 선을 지정하고, 다른 문자로는 나머지 선들을 지정했다.

키르히호프

유황이나 마그네슘 등의 원소를 묻힌 백금 막대를 분젠 버너 불꽃 속에 넣을 때 생기는 빛을 프리즘에 통과시키는 방법을 알아 냈다. 여러 가지 원소의 스펙트럼 속에서 나타나는 프라운호퍼 선을 연구한 결과, 각각의 원소는 고유의 프라운호퍼 선을 갖는다는 사실을 발견했다.

허긴스

천체 관측용 분광기를 발명하고, 안드로메다 은하의 흡수 스펙트럼을 관측하여 그것이 별들의 집단임을 확인하였으며, 성운에서 독특한 휘선이 나타난다는 사실을 발견했다. 태양의 홍염을 분광 관측하는 업적을 이루어냈다.

애니 점프 캐넌

별의 스펙트럼 분류의 제1인자로 알려진 여류 천문학자이다. 수십
만 개의 항성 스펙트럼을 분류하여 OBAFGKM의 순서로 배열하
였으며, 가장 온도가 높은 흰색과 청색부터 온도가 낮은 적색까지
문자와 로마 숫자를 사용하여 분류하는 시스템을 개발하였다.

Chapter

1

별의 물리량

별의 색깔과 표면 온도

밤하늘에 보이는 별들이 어떤 색으로 보이나요? 모두 반짝반짝 빛나는 빛으로 느껴질 뿐, 색이 다르다는 걸 눈치 채기는 어려울 것입니다. 하지만 실제로 별은 밝기도 서로 다를 뿐 아니라 비슷한 밝기라도 색깔이 매우 다양합니다.

겨울철의 대표적인 별자리인 오리온자리를 이루는 별 중 다른 별들보다 밝게 보이는 베텔게우스와 리겔을 살펴봅시다. 두 별은 모두 1등성이지만 베텔게우스는 붉은색을 띠고, 리겔은 푸른색을 띱니다. 두 별의 색깔이 다른 이유는 별마다 표면 온도가 다르기 때문입니다.

입사한 모든 에너지를 완전히 흡수하고, 흡수한 모든 에너지를 완전히 방출하는 이상적인 물체를 흑체라고 하는데, 흑체는 온도가 높을수록 최대 에너지를 방출하는 파장이 짧아지고 온도가 낮을수록 최대 에너지를 방출하는 파장이 길어집니다. 그 관계를 나타낸 것이 플랑크 곡선입니다.

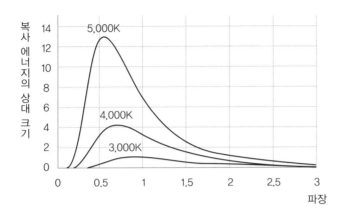

　별은 완전한 흑체는 아니지만, 흑체와 유사하게 온도에 따라 각 파장에서 방출하는 복사 에너지의 양이 다르고 그에 따라 별의 색이 달라지게 됩니다. 표면 온도가 높을수록 최대 에너지를 방출하는 파장이 짧아지므로 파란색으로 보이고, 표면 온도가 낮을수록 최대 에너지를 내는 파장이 짧아지므로 붉은색으로 보이게 됩니다.

　흑체는 모든 파장에 걸쳐 연속적인 스펙트럼을 나타내는데, 1841년 프라운호퍼는 태양의 스펙트럼에서 흡수선을 발견하게 됩니다. 그 이후 과학자들은 별빛의 스펙트럼에서도 연속적인 색의 띠 중간중간에서 어두운 선들을 발견하게 됩니다.

　이 어두운 선은 별의 표면에서 방출된 빛이 저온의 대기층을 통과할 때 별을 이루는 원소들에 의해 특정한 파장의 빛이 흡수되기 때문에 나타납니다. 고온의 별에서는 흡수선의 수가 비교적 적지만 저온의 별에서는 흡수선의 수가 증가하여 스펙트럼도 복잡하게 나타납니다. 이같이 별의 스펙트럼에서 나타나는 흡수선을 분석하면 별의 표면 온도를 추정할 수 있습니다.

　스펙트럼에 나타나는 흡수선의 세기를 토대로 1920년대 피커링과 캐넌은 별의 스펙트럼을 수소의 흡수 스펙트럼선의 세기에 따라 16종류로 구분하는데, 이들의 분류는 현대적인 별 분류의 기초를 이루게 됩니다.

　그 후 흡수선의 세기가 별의 표면 온도와 관계가 있음을 알게 되었고 현재는 O, B, A, F, G, K, M의 7가지로 분류하고 있습니다. 이를 스펙트럼형 또는 분광형이라고 합니다.

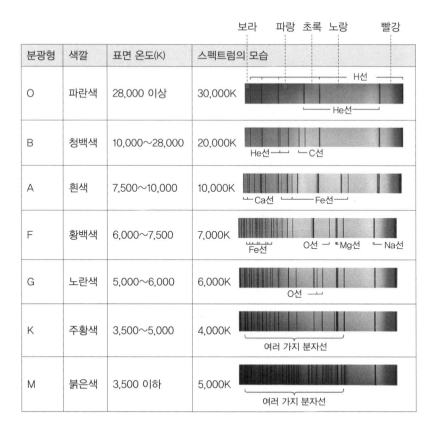

분광형	색깔	표면 온도(K)	스펙트럼의 모습
O	파란색	28,000 이상	30,000K
B	청백색	10,000~28,000	20,000K
A	흰색	7,500~10,000	10,000K
F	황백색	6,000~7,500	7,000K
G	노란색	5,000~6,000	6,000K
K	주황색	3,500~5,000	4,000K
M	붉은색	3,500 이하	5,000K

O형과 M형을 제외한 각 분광형은 다시 0에서 9까지 10단계로 세분됩니다. 태양은 표면 온도가 약 5,800K이고, 분광형은 G2형에 해당합니다.

2

별의 광도와 크기

태양과 같은 분광형을 가진 카펠라 Ab는 태양과 표면 온도가 거의 같습니다. 그렇지만 실제 밝기는 카펠라 Ab가 태양보다 약 100배나 밝습니다.

별의 실제 밝기를 비교할 때는 절대 등급을 사용하기도 하는데, 실제 밝기는 별이 방출하는 에너지양에 따라 달라지기 때문에 별이 단위 시간 동안 표면에서 방출하는 에너지의 총량을 의미하는 광도를 사용하기도 합니다. 흑체는 표면 온도가 높을수록 단위 시간 동안 단위 면적에서 방출하는 에너지양이 많습니다.

표면 온도가 T인 흑체가 단위 시간 동안 단위 면적에서 방출하는 에너지양의 관계는 다음의 슈테판-볼츠만의 법칙에 따라 구해 볼 수 있습니다. 이때 비례상수 σ를 슈테판-볼츠만 상수(슈테판 상수)라고 합니다.

$$E = \sigma T^4$$

별도 흑체와 유사하게 에너지를 방출하기 때문에 슈테판-볼츠만의 법칙을 적용해서 광도를 구해볼 수 있습니다. 별의 표면에서 단위 시간에 방출하는 총 에너지양인 광도는 별의 표면적과 단위 면적당 단위 시간에 방출하는 복사 에너지의 곱으로 결정되기 때문에 별의 광도(L), 반지름(R), 표면 온도 사이에는 $L = 4\pi R^2 \cdot \sigma T^4$ 의 관계가 성립하게 됩니다.

별은 지구로부터 너무나 먼 거리에 있습니다. 따라서 작은 점처럼 보이기 때문에 관측으로 별의 크기를 알아내는 것은 상당히 어려운 일입니다. 그래서 별의 반지름을 알기 위해 다음 관계를 적용해 보도록 하겠습니다.

$$R \propto \frac{\sqrt{L}}{T^2}$$

즉, 별의 반지름(R)은 별의 광도(L)가 크고 표면 온도(T)가 낮을수록 크다는 관계가 성립합니다. 별의 스펙트럼 분석으로 알아낸 별의 표면 온도와 절대 등급으로 알아낸 별의 광도를 이용하면 별의 크기도 구할 수 있습니다.

H-R도와 별의 분류

우리는 앞에서 별의 표면 온도가 같아도 별의 밝기가 다양하게 나타날 수 있으며, 그 이유는 별의 크기에 따라 방출하는 에너지의 총량, 즉 광도가 달라지기 때문이라는 것이라는 것을 살펴보았습니다.

별의 밝기를 분류하기 시작한 것은 아마도 알렉산드리아의 히파르코스로부터였을 것 같습니다. 그는 육안으로 관찰한 1,025개의 별을 밝기에 따라 가장 밝게 보이는 별은 1등성, 가장 어둡게 보이는 6등성으로 분류하였습니다.

이후 영국의 천문학자 포그슨은 망원경을 이용해서 1등성과 6등성의 밝기 차이가 100배가 된다는 것을 알아냈고, 한 등급 간의 밝기 차이를 약 2.5배로 정하게 됩니다. 밝기는 숫자가 작을수록 등급에 따라 2.5배씩 밝아지는 것입니다.

20세기 초에는 별을 분류하는 중요한 작업이 이루어집니다. 덴마크의 천문학자인 헤르츠 스프룽과 미국의 천문학자인 러셀에 의해 진행된 이 작업은, 서로 비슷한 연구를 하고 있다는 것을 모른 채 각자 연구를 진행하던 두 사람이 거의 같은 시기에 발표했습니다. 그래서 이때의 결과물이 된 도표에 두 사람의 이름을 붙여 헤르츠스프룽 · 러셀도(H-R도)라고 부르게 되었습니다.

태양 근처 별들에 대한 관측 자료를 이용하여 별의 표면 온도와 별의 광도의 관계를 표시한 H-R도는 별의 표면 온도를 나타내는 분광형을 가로축으로, 별들의 광도를 나타내는 절대 등급을 세로축으로 놓은 후 별들의 위치를 표시했습니다. 우연히도 별들이 몇 개의 집단으로 나뉘는 것을 알게 된 것이 H-R도를 탄생시키게 된 것입니다.

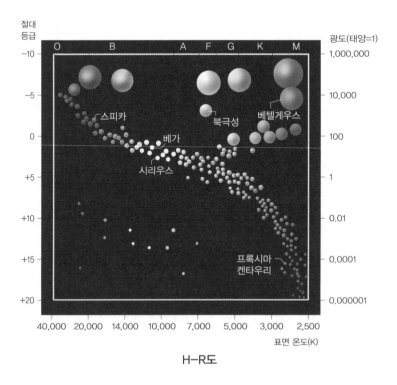

H-R도

H-R도는 별의 진화 과정에 따른 물리적 특성을 쉽게 파악할 수 있는 자료로써 별을 분류하는 데 커다란 기여를 했으며, 오늘날 천문학의 여러 분야에서 매우 유용하게 사용되고 있습니다.

H-R도를 보면 별들은 무질서하게 분포하지 않고 몇 개의 영역으로 나누어짐을 알 수 있습니다. 별의 분포 위치를 기준으로 별을 크게 주계열성, 적색거성, 초거성, 백색왜성의 네 종류로 분류할 수 있습니다.

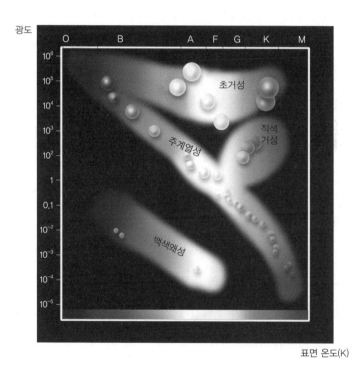

은하계의 잘 알려진 별들을 보여 주는 H-R도

별의 약 90% 정도가 왼쪽 위에서 오른쪽 아래로 이어지는 좁은 띠 영역에 분포하고 있는데, 이 영역을 주계열이라 하고 이 영역에 위치한 별들을 주계열성이라고 합니다. 주계열에 속하는 별들은 표면 온도가 높을수록 광도가 크고 반지름과 질량도 큽니다. 태양은 표면 온도가 약 5,800K이고 절대 등급이 약 4.8등급으로 주계열성에 해당합니다.

한편 H-R도에서 주계열성의 오른쪽 위에 분포하는 별들은 주계열성에 비해 표면 온도가 낮아 붉은색이며 광도가 매우 커서 아주 밝게 빛납니다. 표면 온도가 낮은데도 광도가 큰 것은 반지름이 매우 크기 때문입니다. 광도는 태양의 10~1,000배이고, 반지름은 10~100배 정도인 이들을 적색거성이라고 부릅니다. 황소자리의 α별인 알데바란이나, 목동자리의 α별인 아르크투루스는 대표적인 적색거성입니다.

다음 영역은 초거성의 별들입니다. 적색거성의 위쪽으로 광도가 태양보다 3만~수십만 배나 크고, 반지름이 태양의 수백 배에서 1,000배가 넘는 초대형 별들인 초거성이 자리 잡고 있습니다. 적색거성과 초거성은 주계열성의 별들보다 매우 크지만 평균 밀도는 훨씬 작습니다. 오리온자리의 베텔게우스와 전갈자리의 안타레스가 대표적인 초거성의 별들입니다.

H-R도에서 주계열의 왼쪽 아래에 위치한 별들은 표면 온도가 매우 높아 백색으로 보이지만 광도는 매우 낮습니다. 표면 온도는 높은

데도 광도가 작은 것은 반지름이 매우 작기 때문입니다. 이처럼 표면 온도는 높지만 크기가 작아 어두운 별들을 백색왜성이라고 부릅니다. 이 별들의 크기는 지구와 비슷하지만, 질량은 태양과 비슷해서 평균 밀도가 태양의 약 100만 배 정도로 매우 큽니다.

Chapter 2

별의 탄생과 진화

1

별의 탄생

오늘도 지구상에는 수많은 생명이 태어나고 죽어가고 있을 겁니다. 우리도 갓난아기로 태어나서 자라고 성장하고 죽음에 이르는 일생을 살아가고 있지요. 별은 무생물이지만 탄생하고 진화하여 최후를 맞이하는 별로서의 일생을 살아간답니다. 그럼 이제부터 별의 일생을 살펴보도록 하겠습니다.

우주 공간에는 밀도가 낮은 가스와 먼지로 이루어진 거대한 구름이 존재하고 있는데, 이를 성운이라고 합니다. 바로 별의 고향과 같은 공간이지요. 별은 기체의 밀도가 높고 절대 온도가 10K 정도의 분자 구름에서 수십만 년 내의 짧은 시간에 수천~수만 개씩 무리 지어 태어납니다.

밀도가 높고 온도가 낮은 분자 구름에서는 중력이 크게 작용하므로, 성운의 수축이 일어나 물질이 밀집하게 됩니다. 이렇게 되면 더 많은 물질을 잡아당기며 성운의 밀도가 더 높아져 중심핵을 이루게 되고, 이것으로부터 원시별이 생성됩니다.

원시별은 주위의 물질을 끌어당겨 더욱 밀도가 높아지고, 표면 온도가 상승하여 1,000K에 이르면 가시광선의 복사 에너지가 방출되어 서서히 빛을 내기 시작합니다. 이 단계를 전주계열 단계라고 합니다. 원시별의 질량이 클수록 중력이 크게 작용하여 빠르게 수축하고 중심부가 수소 핵융합 반응을 할 수 있는 온도에 빠르게 도달합니다.

주계열 단계

전주계열 단계에서 중심부의 온도가 1,000만K에 도달하면 중심부에서 수소 핵융합 반응이 일어나게 됩니다. 수소 핵융합 반응이 일어나 내부 압력이 커지면서 마침내 중력 수축 에너지와 평형을 이루게 되고, 이와 같은 평형 상태가 되면 별은 더 이상 중력 수축을 하지 않아 반지름이 일정하게 유지됩니다. 이 단계를 주계열 단계라고 합니다.

태양 정도의 질량을 갖는 원시별은 주계열 단계에까지 이르는 시간이 약 1,000만 년 정도이지만, 질량이 큰 원시별일수록 그 시간은 급격히 짧아집니다. 주계열성은 수소 핵융합 반응을 하기 때문에 별이 주계열성으로 얼마나 오래 지속될지는 핵융합 반응의 재료인 수소의 양과 단위 시간당 핵융합 반응으로 소모되는 수소의 양에 달려 있습니다.

질량이 큰 별일수록 수명이 길 것 같지요? 하지만 무거운 별일수록 가진 수소의 양에 비해 핵융합 반응이 매우 빠르게 일어나서 훨씬 밝고 표면 온도가 높습니다. 이 때문에 주계열에 머무는 기간, 즉 주계열성으로서의 수명은 짧아집니다.

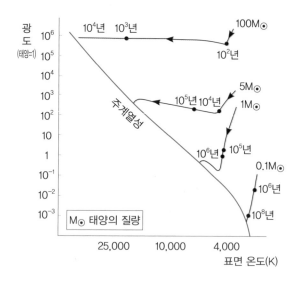

3

주계열, 그 이후

태양과 질량이 비슷한 주계열성은 수소 핵융합 반응으로 빛을 냅니다. 그런데 중심핵의 수소가 모두 소모되어 헬륨 핵만 남게 되면 더 이상 수소 핵융합 반응을 할 수 없겠지요? 그때는 헬륨으로 이루어진 중심핵이 수축하기 시작합니다.

이때 발생한 열 에너지가 바깥으로 전달되어 헬륨 핵을 둘러싼 수소층의 온도가 상승하고, 수소 핵융합 반응이 빠르게 진행됩니다. 중심핵은 수축하고 바깥 부분은 팽창하여 별은 점점 커지면서 밝아지지만 표면 온도는 낮아져, 붉은색을 띠는 적색거성이 형성됩니다. 질량이 아주 큰 별의 경우는 더욱 팽창하여 적색 초거성으로 진화하게 됩니다.

태양이 주계열성으로써의 단계를 벗어나면 약 50억 년 후 적색거성으로 진화하게 됩니다. 태양의 반지름이 지금보다 100배 이상 커지고, 밝기도 1,000배 이상 밝아질 것으로 예상되지요. 그때가 되면 태양은 지구를 집어삼키게 될 거예요. 그때 지구의 운명은 과연 어떻게 될지, 그때까지 인류는 지구에 존재하고 있을지, 상상만 해도 무섭다는 생각이 들지 않나요?

질량이 태양 정도인 별이 적색거성이 되면, 헬륨 핵융합 반응이 일어나고 중심부에는 탄소가 만들어집니다. 더 이상 핵융합 반응을 할 수 없게 되면 중심핵은 계속 수축하고, 이때 발생한 열로 별의 외부는 팽창하지만 곧 수축과 팽창을 반복하게 됩니다. 이 결과 별의 중심핵은 계속 수축하여 밀도가 매우 높은 백색왜성이 됩니다. 표면 온도는 높아서 흰색으로 보이지만 별의 크기가 작아 매우 어둡습니다.

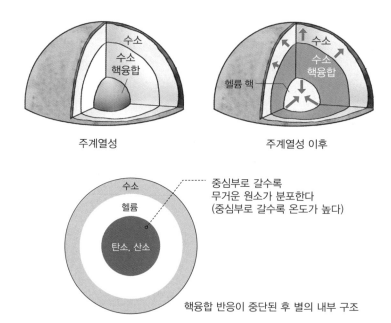

주계열성

주계열성 이후

중심부로 갈수록
무거운 원소가 분포한다
(중심부로 갈수록 온도가 높다)

핵융합 반응이 중단된 후 별의 내부 구조

질량이 태양 정도인 별의 중심에서 생성되는 원소

별의 외곽 부분의 가스들은 바깥쪽으로 팽창하여 물질을 우주 공간으로 방출하는데, 이 모양이 마치 행성처럼 둥글게 보여 이를 행성상 성운이라고 부릅니다.

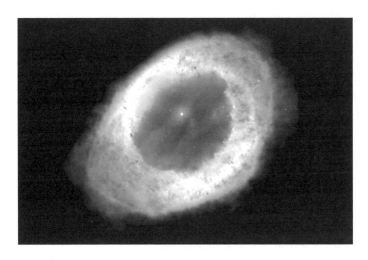

행성상 성운

태양보다 질량이 아주 큰 별들은 중심부에서 수소 핵융합 반응이 활발하게 일어납니다. 따라서 주계열 단계에 머무르는 시간도 짧습니다. 이러한 별들의 중심에서는 헬륨보다 무거운 원소들의 핵융합 반응이 일어나기 때문에 헬륨, 탄소, 네온, 산소, 규소, 철이 차례로 생성됩니다.

이때는 중심부로 갈수록 무거운 원소로 이루어진 여러 겹의 양파 껍질과 같은 구조를 가지게 됩니다. 별의 중심부에 철로 구성된 핵이 만들어지면, 에너지의 생성이 중단되고 별은 중력 수축을 시작합니다.

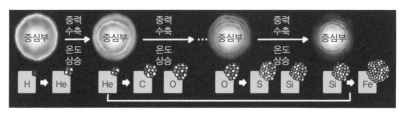

주계열성   주계열성 이후

질량이 태양의 10배 이상인 별 중심부에서 생성되는 원소
탄소보다 무거운 원소를 생성할 수 있을 만큼 온도가 높아진다 → 헬륨~철 생성

안쪽으로 급격히 수축하던 별의 바깥층이 중심핵에 부딪히면 강력한 충격이 발생합니다. 충돌한 곳으로부터 별의 바깥층을 빠르게 밀어내며 엄청난 폭발이 일어나 초신성이 됩니다. 초신성은 태양보다 수억 배나 밝게 빛나기 때문에 외부 은하에서도 관측되며, 은하 전체의 밝기와 비슷한 정도로 빛나게 됩니다.

평소 보이지 않던 별이 갑자기 밤하늘에서 밝게 나타난 것처럼 보이는 초신성은 마치 새로운 별이 탄생하는 것처럼 보여서 '신성'이란 명칭이 붙었지만, 실제로는 태양보다 큰 별이 수명을 다하면서 폭발하며 엄청난 에너지를 내뿜는 현상이랍니다. 장렬한 죽음의 의식이라고나 할까요?

이때 별 내부의 물질들이 우주 공간으로 흩뿌려지고 철보다 무거운 원소들이 형성됩니다. 금과 같은 귀금속도 결국 별이 일생을 마치면서 만들어 준 원소라는 생각을 해보면 참으로 신기하지 않을 수 없답니다.

초신성의 잔해

그럼 초신성이 폭발하며 엄청난 에너지와 무거운 원소를 우주 공간에 방출하고 난 후 중심에는 무엇이 남아 있을까요? 폭발 이후 중심에는 중성자로 이루어진 중성자 덩어리가 남게 되는데, 이것을 중성자별이라고 합니다.

만약 중심핵의 질량이 태양의 3배 이상이 되면 표면의 중력이 너무 커서 중력 수축이 계속 일어나고, 밀도와 중력이 너무 커져 빛조차 빠져나올 수 없는 블랙홀이 됩니다. 블랙홀은 직접 관측할 수는 없지만 블랙홀 주변 기체들이 강하게 빨려 들면서 가열되어 방출하는 X선을 관측하여 간접적으로 그 존재를 알 수 있습니다.

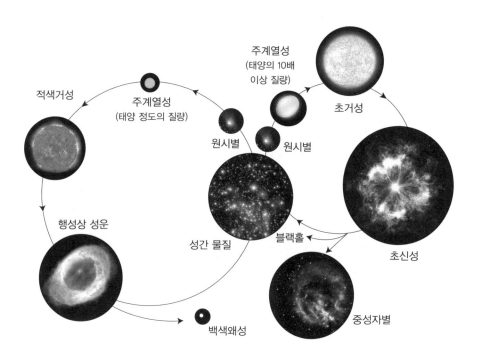

별의 질량에 따른 진화

Chapter

3

별의 에너지원과 내부 구조

별의 에너지원

밤하늘을 수놓은 수많은 별빛. 우주 공간에 존재하고 있는 그 많은 별은 어떻게 이 먼 곳 지구에까지 전달될 수 있는 빛을 발하고 있는 것일까요?

태양은 수많은 별 중에서 지극히 평범한 주계열성의 하나이지만, 1초에 4×10^{26} J이라는 어마어마한 에너지를 방출하고 있습니다. 태양이 주는 에너지를 하루라도 받지 못한다면 지구 생명체는 생명을 유지하기 어려울 것입니다. 밤하늘의 빛나는 별빛과 꺼지지 않는 태양빛에 대한 경이로움은 예로부터 끊임없는 호기심의 대상이었습니다.

19세기 말 영국의 천문학자인 켈빈은 기체 덩어리가 수축할 때 중력 에너지를 방출할 수 있으며, 이 중력 에너지로 태양이 빛을 낼 것이라고 했습니다. 그러나 중력 에너지로 태양이 빛을 낼 수 있는 시간은 1,000만 년 정도밖에 되지 않았습니다. 20세기에 들어서 아인슈타인은 질량이 에너지로 바뀔 수 있으며, 에너지도 질량으로 변환될 수 있다는 **상대성 이론**을 발표하게 됩니다. 이러한 연구들에 이어 1920년 영국의 천체물리학자 아서 에딩턴이 처음으로 항성의 에너지는 수소가 헬륨으로 핵융합하는 것으로부터 기인하는 것이라고 추측하게 됩니다.

자, 그럼 우리도 별이 어떤 과정으로 에너지를 생성하는지 살펴볼까요? 원시별은 밀도가 높고 온도가 낮은 성운의 중력 수축에 의해서 탄생함을 기억하고 있지요? 밀도가 높아야 서로 잡아당기는 힘이 크게 작용하고, 온도가 낮아야 기체가 서로 밀어내는 압력이 낮아져 뭉쳐지기에 유리하게 됩니다. 이런 상황에서 기체의 압력보다 중력이 크게 작용하게 되어 중력 수축이 일어나고, 그 과정에서 원시별이 탄생할 수 있는 것입니다.

원시별의 중심으로 주위의 물질들이 떨어지면서 질량과 중심부의 온도가 모두 증가하게 되고, 떨어지는 물질들의 위치 에너지는 열 에너지와 운동 에너지로 전환되면서 원시별이 빛을 낼 수 있게 되는 것입니다.

원시별 중심부의 온도가 1,000만K 이상이 되면 수소 핵융합 반응이 일어날 수 있습니다. 수소 핵융합 반응으로 별의 내부 온도가 상승하고 기체압이 커져 중력과 평형을 이루면서 별의 크기가 일정하게 유지됩니다. 주계열성이 탄생하게 되는 것입니다.

태양의 중심에서 15만km 이내에서는 4개의 수소 원자핵이 융합

되어 1개의 헬륨 원자핵이 만들어지는 수소 핵융합 반응이 일어나고 있습니다. 이때 생성된 1개의 헬륨 원자핵의 질량은 4개의 수소 원자핵을 합한 질량보다 약 0.7% 줄어들게 되는데, 이 줄어든 질량은 아인슈타인의 질량-에너지 등가 원리인 $E = mc^2$ (E: 에너지, m: 질량 결손, c: 빛의 속도)를 적용해 계산된 만큼 에너지로 전환됩니다.

태양이 수소 핵융합 반응을 통해 매초 약 6억 톤의 수소를 헬륨으로 전환시키고 있어, 앞으로 약 50억 년 동안은 현재의 밝기로 빛날 수 있을 것으로 예상됩니다.

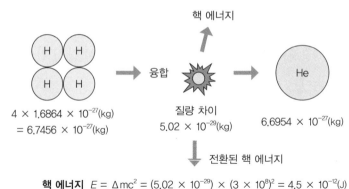

핵 에너지 $E = \Delta mc^2 = (5.02 \times 10^{-29}) \times (3 \times 10^8)^2 = 4.5 \times 10^{-12}(J)$

수소 핵융합 반응은 양성자-양성자 반응(P-P반응)과 탄소 질소 산소 순환 반응(CNO, 또는 탄소 순환 반응)이 있습니다.

양성자-양성자 반응은 수소 원자핵 6개가 1개의 헬륨 원자핵과 2개의 수소 원자핵으로 바뀌면서 에너지를 생성하는 과정입니다. 주로 질량이 태양과 비슷하거나 태양보다 작은 별로, 중심부의 온도가

1,800만K 이하인 별에서 일어납니다.

탄소 질소 산소 순환 반응은 4개의 수소 원자핵이 반응에 참여하여 1개의 헬륨 원자핵을 만드는 반응입니다. 탄소, 질소, 산소가 촉매 작용을 하는 반응으로, 격렬하게 에너지를 생성하여 이 반응이 우세한 별은 수소가 빠르게 소비되어 짧은 주계열 단계를 지닙니다. 질량이 태양의 약 2배 이상이고 중심부의 온도는 1,800만K 이상인 별에서 우세하게 일어납니다.

2

별의 내부 구조와 에너지 전달

우리가 관측하는 태양의 모습은 항상 일정한 구형을 유지하고 있습니다. 태양을 비롯하여 주계열에 위치한 별들은 팽창이나 수축을 하지 않고 일정한 크기를 유지하며 안정적으로 빛을 발합니다. 별의 중심으로 향하는 중력의 크기와 내부 압력 차로 발생한 바깥쪽으로 향하는 힘이 평형을 이루기 때문입니다. 이러한 상태를 정역학 평형 상태라고 하는데 주계열성은 이러한 상태를 유지하며 일정한 형태를 나타냅니다.

주계열성의 내부에서는 수소 핵융합 반응이 계속 일어나고 헬륨으로 이루어진 중심핵은 점점 커지게 됩니다. 중심부의 수소가 모두 소진되면 중심핵에서 일어나던 핵융합 반응은 바깥층으로 이동하게 되면서 별이 팽창하고, 적색거성으로 변합니다.

온도가 낮아지면서 별은 정역학 평형 상태를 유지하기 위해서 다시 중력 수축을 하게 되고 중심부의 온도가 1억K에 도달하면 헬륨 핵융합 반응을 통해 탄소를 만들게 됩니다. 별의 중심부에 있는 헬륨마저 소진되고 나면 탄소 핵이 남게 되겠지요.

태양보다 약 10배 이상 무거운 별은 중심부가 도달할 수 있는 온도가 달라져 초거성으로 진화하여 헬륨, 탄소, 네온, 산소, 규소가 차례로 생성될 수 있습니다. 온도가 30억K 이상이면 철이 만들어져 마치 양파와 같은 껍질 구조를 가지게 됩니다.

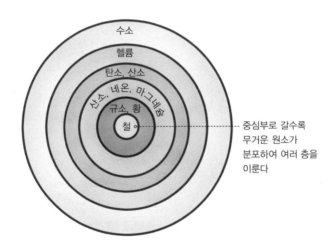

수소
헬륨
탄소, 산소
산소, 네온, 마그네슘
규소, 황
철 ○ ·········· 중심부로 갈수록 무거운 원소가 분포하여 여러 층을 이룬다

태양보다 수십 배 무거운 별의 내부 구조

별의 내부에서 생성된 에너지가 바깥으로 전달되는 방식에는 전도, 대류, 복사가 있는데 별은 물질의 밀도가 매우 낮으므로 주로 복사와 대류로 에너지가 전달됩니다. 태양과 질량이 비슷한 별은 중심부에서 생성된 에너지가 중심으로부터 약 70%에 이르는 거리까지

복사로 전달되고 그 이후부터는 별의 표면까지 전도로 에너지가 전달됩니다.

태양보다 훨씬 질량이 큰 별은 중심에서 에너지를 엄청 많이 만들어 내기 때문에 주변과 온도 차가 커집니다. 그러므로 중심핵에서 대류를 통해 에너지를 전달해야 하고 바깥층에서는 복사로 에너지가 전달됩니다. 별은 질량에 따라 에너지 전달의 방식도 서로 다름을 알 수 있습니다.

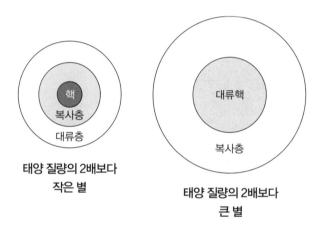

태양 질량의 2배보다 작은 별

태양 질량의 2배보다 큰 별

Chapter
4

외계 탐사

1

외계 행성계 탐사

아주 오래전에 개봉된 영화에서는 외계 생명체와 지구의 어린이 사이의 우정을 그려내 어린이뿐 아니라 어른들에게도 많은 인기를 얻은 적이 있습니다. 상상 속에서 탄생한 외계인의 신기한 외모와 행동도 많은 사람의 관심을 받았던 것 같습니다. 그런데 과연 이런 일이 실제로 일어날 수 있을까요?

우리은하에는 약 천억 개의 별이 있다고 합니다. 밤하늘에 반짝이는 모든 별이 우리가 눈으로 보는 것처럼 홀로 존재하는 것이 아닙니다. 우리 태양처럼 행성과 위성, 소행성 등 많은 가족을 거느린 별이 과연 몇 개나 될까요?

태양계 밖에 존재하며 별 주위를 행성이 공전하는 행성계를 **외계 행성계**라고 합니다. 그렇지만 행성은 크기가 매우 작고 어두워서 직접 관측하기는 어렵습니다. 따라서 대부분의 외계 행성계 탐사는 간접적인 방법으로 이루어지게 됩니다.

최근 그 역할을 마친 케플러 망원경은 독일의 천문학자인 요하네스 케플러의 이름을 딴 망원경으로, 9년 8개월간 많은 항성과 행성, 초신성 등을 찾아내고 은퇴함으로써 '행성 사냥꾼'이라는 별명을 얻을 정도로 외계 행성계를 탐사하는 데 기여도가 컸습니다.

우주 탐사 기간 9년 8개월	발견한 항성 53만 506개	발견한 행성 2,662 개	초신성 관측 61개	수집한 과학 데이터 678GB	지구로부 터의 거리 9,400만 마일(약 1억 5,000만km)	사용한 연료 3.12 갤런	발표된 과학 논문 2,946편	실행된 명령 수 73만 2,128건

그렇다면 이러한 외계 행성계는 어떻게 찾을 수 있는 것일까요? 이번에는 외계 행성계를 탐사하는 방법에 대해 알아보도록 하겠습니다.

첫 번째는 중심별의 시선 속도 변화를 이용하는 방법이 있습니다. 행성을 거느린 별이라면 두 천체가 중력으로 묶여 있고, 이들은 공통 질량을 중심으로 회전 운동을 하게 됩니다. 물론 별의 움직임이 행성에 비해 매우 작아서 별의 위치 변화를 관측하기는 어렵지만, 별이 지구로부터 멀어졌다 가까워지면서 도플러 효과를 일으키므로 별빛의 스펙트럼을 분석하면 행성의 존재를 알 수 있습니다.

그렇지만 이러한 시선 속도 방법은 질량이 너무 작은 행성이거나 중심별에서 너무 멀리 떨어져 있는 경우에는 중심별의 움직임이 작아져 관측이 어려워집니다. 따라서 지구 정도의 작은 행성을 발견하기에는 매우 불리한 방법입니다.

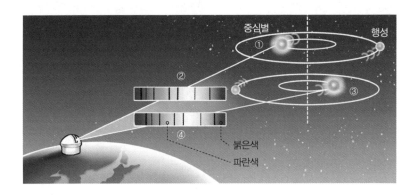

시선 속도 방법의 원리에 대해서 알아봅시다. 행성의 중력 때문에 중심의 별이 원을 그리게 됩니다. 이때 별이 지구 쪽에 빠른 속도로 가까워지면(①) 별빛의 파장이 짧아져 스펙트럼이 파란색으로 치우치게 되지요(②). 반대로 별이 멀어지면(③) 별빛의 파장이 길어져 붉은색으로 치우치게 됩니다(④). 이처럼 별빛 스펙트럼의 치우침이 일정한 주기를 가지면 주변에 행성이 있다고 추측할 수 있는 게 시선 속도 방법입니다.

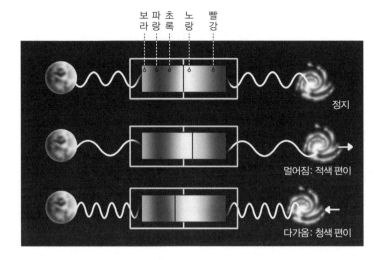

보라 파랑 초록 노랑 빨강

정지

멀어짐: 적색 편이

다가옴: 청색 편이

두 번째 방법은 식 현상을 이용하는 방법입니다. 별 주위를 공전하는 행성이 별의 앞면을 지날 때 행성에 의한 식 현상이 일어나 별의 밝기가 조금 어두워지는데, 이러한 밝기의 주기적 변화를 이용하면 외계 행성의 존재를 알 수 있습니다.

하지만 이 방법 또한 제한점이 있습니다. 외계 행성의 공전 궤도면이 관측자의 시선 방향과 나란한 경우에만 사용할 수 있다는 것이지요. 또 밝기의 변화가 행성에 의한 것인지 별에 의한 것인지 명확하게 알 수 없다는 것도 참고해야 할 사항입니다.

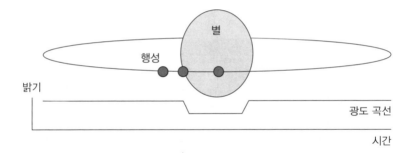

세 번째 방법은 미세 중력 렌즈 현상을 이용하는 방법입니다. 중력 렌즈 현상이란 두 천체가 같은 시선 방향에 있을 때 뒤쪽에 있는 천체로부터 오는 빛이 앞쪽에 있는 천체의 중력에 의해서 마치 렌즈로 인해 굴절된 것처럼 미세하게 휘어진 채 지구에 도달하는 현상입니다.

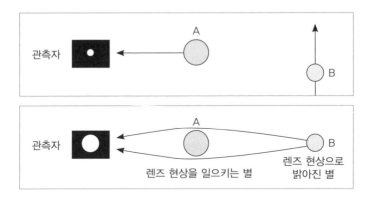

지구와 별 사이에 다른 별이 있다면 상대적으로 지구에 가까이 있는 별의 중력 때문에 멀리 있는 별의 빛이 굴절되어 밝아지게 됩니다. 이러한 현상을 미세 중력 렌즈 효과라고 합니다. 앞에 있는 별이 행성을 거느리고 있다면 행성의 중력에 의해 뒤에 있는 별빛이 좀 더 밝아지는데, 이를 이용하면 외계 행성의 존재 여부를 알 수 있습니다. 이때 행성의 질량이 클수록 뒤에 있는 별의 밝기가 크게 달라지겠지요.

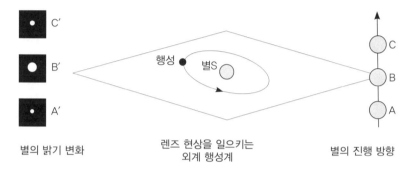

별의 밝기 변화

렌즈 현상을 일으키는
외계 행성계

별의 진행 방향

- 배경별이 B의 위치를 지날 때 별S의 중력에 의해 밝기가 증가한다.
- 별S가 행성을 지니고 있으면 배경별의 밝기가 특이하게 변화한다.
- 별S가 행성을 가지고 있지 않으면 미세 중력 렌즈 현상은 나타나지 않으며, 별S에 의한 중력 렌즈 현상의 발생에도 영향을 미치지 않는다.

2

외계 생명체 탐사

　우주에는 수천억 개의 은하가 존재합니다. 그 은하 안에는 또 수천억 개의 항성이 존재하고, 그 항성 주위에도 수많은 천체가 있겠지요? 그런데 이 지구에만 생명체가 존재한다는 것은 공간의 낭비라는 생각이 들기도 합니다.

　외계 생명체에 대한 관심 때문에 인류는 생명체를 찾아 지속적인 탐사를 시도하고 있습니다. 달이나 화성, 목성, 토성의 위성 등 태양계의 천체에서 생명체를 찾기 위한 탐사를 진행해 왔지만 아직은 어떤 생명체도 찾지 못한 상황입니다.

　우선, 행성에 생명체가 존재하려면 별로부터 적당한 거리에 위치해야 합니다. 생명체가 존재하려면 액체 상태의 물이 있어야 하는데 행성의 표면 온도는 별로부터의 거리에 영향을 받기 때문이지요. 별의 주변에서 액체 상태의 물이 존재할 수 있는 영역을 생명 가능 지대라고 합니다.

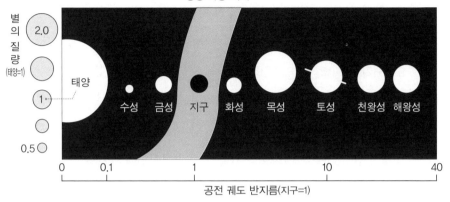

생명 가능 지대

별의 질량
(태양=1)

2.0

태양

1

0.5

수성 금성 지구 화성 목성 토성 천왕성 해왕성

0   0.1   1   10   40

공전 궤도 반지름(지구=1)

왜 액체 상태여야 하냐고요? 액체 상태의 물은 비열이 커서 많은 양의 열을 보존할 수 있고 다양한 물질을 녹이고 화학 반응을 일으킬 수 있기 때문이에요. 이런 특징이 생명체가 탄생하고 진화하기에 좋은 환경을 제공할 수 있습니다.

생명 가능 지대는 중심별의 질량에 따라 달라지는데, 주계열성은 질량이 클수록 광도가 큽니다. 광도가 클수록 온도 또한 높아지기 때문에 생명 가능 지대는 별로부터 더 바깥쪽으로 멀어지고 그 폭도 넓어지게 됩니다. 질량이 큰 별은 수명이 짧다는 것, 기억하나요? 만일 생명체가 출현한다고 해도 진화할 만큼의 시간이 충분하지 않을 수도 있어요.

또 중심별의 질량이 너무 작으면 생명 가능 지대가 별에 가까워지게 되는데 별의 중력이 크게 작용하여 행성의 자전이 느려지게 되겠지요. 그렇게 되면 행성 표면이 너무 가열되거나 냉각되는 곳이 생겨 생명체가 살기에는 부적합한 환경이 되는 것입니다.

거리나 광도가 적합하다고 생명체가 살 수 있는 것이 아니랍니다. 생명체가 살기 알맞은 표면 온도를 유지하려면 적절한 온실 효과가 있어야 하고, 우주에서 오는 유해한 자외선을 차단해 주는 적절한 대기와 자기장 또한 필요하답니다. 적당한 자전축의 기울기는 생명체가 견딜 만한 계절의 변화를 가져다줄 테니 이것 또한 중요한 요소가 되겠습니다.

이렇게 까다로운 조건을 만족하는 제2의 지구가 과연 나타나 줄까요? 태양계의 4번째 행성인 화성은 지구와 비슷한 암석권과 옅은 대기권을 가지고 있어 생명체가 존재할 가능성을 기대하게 했지요.

미항공우주국 NASA가 지난 2003년 6월과 7월 각각 발사한 쌍둥이 화성 탐사로봇 스피릿(Spirit)과 오퍼튜니티(Opportunity)는 과거 화성에 물이 존재했을 가능성을 발견했어요. 이는 생명체가 살았을 가능성에 대한 기대를 높여 주었습니다. 2012년 8월 화성에 착륙한 큐리오시티(Curiosity) 탐사선은 미생물이 살기 유리한 조건을 가지고 있다는 것을 알려주기도 했답니다.

탐사체	소저너	스피릿	오퍼튜니티	큐리오시티	퍼서비어런스	로잘린드 프랭클린
개발 기관	미국항공우주국(NASA)					유럽우주국 (ESA), 러시아 연방우주국
임무 기간	1997년 7월 4일~ 9월 27일	2004년 1월 4일~ 2010년 3월 22일	2004년 1월 25일~ (6월 이후 통신 두절)	2012년 8월 6일~ 현재	2021년 2월 19일~ 현재	2022년경 발사 예정

화성 탐사체

행성이 아닌 위성도 생명체 존재 가능성에 기대를 걸게 했었습니다. 바로 목성의 위성인 유로파와 토성의 위성인 타이탄입니다. 유로파는 표면이 얼음으로 덮여 있음이 확인되었어요. 타이탄에는 지구와 비슷하게 대기의 주성분에 질소가 있고 메탄으로 된 호수도 있다는 것을 알게 되었습니다. 호수라고 하면 액체가 있다는 것이지요. 지구 외에 유일하게 액체를 가진 천체를 발견했으니 얼마나 기대감이 컸겠어요. 그렇지만 여전히 인류와 비슷한 지적 생명체는 발견하지 못한 상황입니다.

SETI(Search for Extra-Terrestrial Intelligence) 프로젝트는 외계 지적 생명체 탐사 프로젝트입니다. 우주로부터 오는 전파를 수신하고 분석해서 외계에 존재할지 모르는 지적 생명체를 찾아내는 탐사 활동입니다.

1960년 '오즈마 계획'이라는 이름으로 처음 시작된 SETI 프로젝트는 지난 60년 가까이 캘리포니아에 있는 6m짜리 42대로 이루어진 앨런 전파망원경 집합체입니다. 이를 중심으로 세계 각지 전파망원경의 정보를 받아 외계인이 존재할 가능성이 큰 별 주위를 탐지해 왔습니다. 어디엔가 존재하고 있을 그들이 보내는 신호로 우리와 외계 생명체와의 만남이 이루어지는 그 날은 과연 언제쯤 올까요?

앨런 전파망원경 집합체

• **별의 표면 온도와 색**

> 표면 온도가 높은 별일수록 최대 에너지를 방출하는 파장이
> 짧아 파란색으로 보이고 표면 온도가 낮을수록 최대 에너지
> 를 방출하는 파장이 길어지므로 붉은색으로 보인다. 별은 표
> 면 온도에 따라 고유의 흡수 스펙트럼이 나타난다. 별의 표
> 면 온도에 따라 스펙트럼에 나타나는 흡수선의 종류와 세기
> 가 달라지는 것을 이용하여 별을 표면 온도에 따라 분류할 수
> 있다.

분광형	O	B	A	F	G	K	M
색깔	청색	청백색	백색	황백색	황색	주황색	적색
표면 온도	〉28,000	10,000~ 28,000	7,500~ 10,000	6,000~ 7,500	5,000~ 6,000	3,500~ 5,000	〈3,500

• **스펙트럼의 종류**

> **연속 스펙트럼** 태양 광선이나 고온, 고밀도 상태에서 가열된
> 물체가 내는 빛이 전 파장에 대해 연속적으로 펼쳐져 마치 무
> 지개 색깔처럼 나타나는 스펙트럼
> **선스펙트럼** 기체의 종류에 따라 고유한 파장의 빛을 흡수하

거나 방출하기 때문에 독특한 선스펙트럼이 나타난다. 연속
스펙트럼 중간에 기체가 흡수한 에너지로 인해 검은색 선이
나타나는 흡수 스펙트럼과 기체가 흡수한 에너지를 빛 에너
지로 방출할 때 특정 파장에서만 나타나는 선모양의 방출 스
펙트럼이 있다.

• **별의 표면 온도, 크기, 광도 사이의 관계**

슈테판-볼츠만 법칙 표면 온도가 T인 흑체가 단위 시간, 단위
면적에서 방출하는 에너지양은 표면 온도의 4제곱에 비례한
다($E = \sigma T^4$). 광도는 단위 시간에 방출하는 에너지양에 별의
겉넓이를 곱하여 구할 수 있다($L = 4\pi R^2 \cdot \sigma T^4$).

• **H-R도**

별의 표면 온도와 광도 사이의 관계를 그래프로 나타낸 것으
로 세로축은 별의 광도나 절대 등급, 가로축은 별의 표면 온
도, 분광형, 색 지수 등으로 표현할 수 있다.

- **H-R도와 별의 분류**

   주계열성 H-R도의 왼쪽 위에서 오른쪽 아래로 이어지는 좁은 띠 영역에 분포한다. 왼쪽 위에 위치할수록 표면 온도가 높고 광도가 크며 질량과 반지름이 크다. 대부분의 별이 주계열성에 속한다.

   적색거성 주계열성의 오른쪽 위에 분포한다. 표면 온도가 낮아서 붉게 보이며 반지름이 커서 광도가 크다.

   초거성 적색거성보다 위쪽에 분포하고 반지름이 매우 커서 광도가 매우 크다.

   백색왜성 H-R도의 왼쪽 아래에 위치한다. 표면 온도는 높으나 반지름이 매우 작아 어둡게 보인다. 평균 밀도가 매우 크다.

   중성자별과 블랙홀 백색왜성보다 밀도가 더 큰 천체이며 너무 어둡거나 가시광선을 거의 방출하지 않아 H-R도 상에 나타낼 수 없다.

• 별의 탄생과 진화

밀도가 낮은 가스와 먼지로 이루어진 거대한 구름을 성운이라고 한다. 내부의 밀도가 높고 온도가 낮은 영역에서 별이 탄생한다.

성간 물질의 수축으로 만들어진 성운이 계속 수축하고 회전하다 원반 모양을 만든다.	→	수축하는 성운의 중력 수축 에너지 때문에 중심부의 온도가 상승하고 원시별이 만들어진다.	→	원시별이 계속 수축하여 중심부의 온도가 약 1,000만K 이상이 되면 중심부에서 수소 핵융합 반응이 시작된다.

• 원시별의 진화

태양보다 질량이 큰 별은 표면 온도가 높고 광도가 큰 주계열성으로 진화한다. 질량이 태양 정도인 별은 중력 수축하면서 반지름이 줄어들지만 표면 온도는 많이 높아지지 않기 때문에 광도가 작아져 H-R도에서 위치가 아래로 이동한다. 태양보다 질량이 작은 별은 표면 온도가 낮고 광도가 작은 주계열성으로 진화한다. 태양 질량의 0.08배보다 작은 별은 중심부의 온도가 1,000만K에 도달하지 못해 갈색왜성이 된다.

• 주계열 이후의 별의 진화

태양과 질량이 비슷한 별 별의 중심부에서 수소를 헬륨으로 바꾸는 핵융합 반응이 진행됨에 따라 수소핵이 헬륨핵으로 변하는데, 마침내 중심부의 수소가 모두 고갈되고 헬륨핵이 남게 되면 주계열성 단계를 벗어나게 된다.

적색거성	→	행성상 성운	→	백색왜성

태양보다 질량이 매우 큰 별 중심핵에서 수소, 헬륨, 탄소, 네온, 산소 등 순차적으로 핵융합 반응이 일어난다. 반지름은 적색거성보다 훨씬 더 커지면서 광도도 큰 초거성이 된다.

초거성	→	초신성 폭발	→	중성자별과 블랙홀

• 별의 에너지원

중력 수축 에너지 원시별에서는 기체압보다 중력이 더 크게 작용하여 중력 수축이 일어나게 된다. 중력에 의해 기체가 내부로 수축하면 기체의 위치 에너지는 감소하고, 감소한 에너지가 열 에너지와 운동 에너지로 바뀌게 된다. 이 에너지의 일부가 별의 내부 에너지를 증가시키고 나머지는 빛 에너지의 형태로 방출된다.

핵융합 에너지 중력 수축으로 별의 내부 온도가 1,000만K이 넘게 되면 수소 핵융합 반응이 시작되는데, 주계열성은 수소 핵융합 반응으로 에너지를 생성하여 빛을 낸다. 4개의 수소 원자핵이 융합하여 1개의 헬륨 원자핵을 만들 때 생기는 질량 차이가 에너지로 전환된다($4^1H \rightarrow {}^4He$).

• **수소 핵융합 반응의 종류**

주계열성에서 일어나는 수소 핵융합 반응에는 양성자-양성자 반응(P-P) 반응과 탄소 질소 산소 순환 반응(CNO 순환 반응)이 있다.

• **무거운 원소의 핵융합 반응에 의한 에너지**

수소 핵융합 반응이 끝난 주계열성은 적색거성이나 초거성으로 진화하고, 수소보다 무거운 원소의 핵융합 반응이 일어나 에너지를 생성한다. 헬륨만 남은 중심핵은 중력 수축하여 중심부의 온도가 약 1억K에 도달하면 헬륨 핵융합 반응이 일어난다. 헬륨 핵융합 반응이 일어날 때 원자핵이 무거울수록 핵융합 반응에 필요한 온도가 증가한다.

- **별의 질량에 따른 에너지 전달 방식**

  질량이 태양과 비슷한 별은 별의 중심부에서 생성된 에너지
  가 반지름의 약 70%에 이르는 거리까지 복사로 전달되고
  바깥층에서는 대류로 표면까지 전달된다. 질량이 태양의 약
  2배 이상인 별은 별의 중심부와 표면의 차이가 매우 크기 때
  문에, 에너지가 중심부에서 대류로 전달되고 바깥층에서는
  복사로 에너지가 전달된다.

- **주계열성에서 적색거성(초거성)으로 진화할 때의 내부 구조**

질량이 태양과 비슷한 별(적색거성)	질량이 태양보다 매우 큰 별(초거성)
별 중심부에서 수소가 모두 소모되면 헬륨 핵융합 반응이 일어나서 탄소와 산소로 구성된 중심핵이 만들어진다.	별의 중심부의 온도가 높아 더 많은 핵융합 반응을 거치고, 양파 껍질 같은 내부 구조를 이루며 최종적으로 철로 구성된 중심핵이 만들어진다.

• 외계 행성계 탐사 방법

외계 행성계를 탐사하는 방법으로는 중심별의 시선 속도 변화나 식 현상에 의한 광도 변화, 미세 중력 렌즈 현상에 의한 광도의 불규칙한 변화, 별의 이동 경로를 관측하는 방법이 있다.

• 외계 행성계 탐사

생명 가능 지대란 물이 액체 상태로 존재할 수 있는 영역으로, 중심별로부터 적당한 거리에 있어 행성의 표면 온도가 적당한 지대를 말한다. 중심별의 광도가 커질수록 생명 가능 지대는 중심별로부터 멀리 형성되고 그 폭도 넓어진다. 현재 태양계에서는 지구가 생명 가능 지대에 포함되어 있는 유일한 행성이다. 생명체가 존재할 수 있는 행성의 조건은 액체 상태의 물, 적당한 대기의 존재, 적당한 중력, 단단한 지각, 자기장의 존재, 적당한 자전축의 기울기 등이 있다. 외계 생명체 탐사 프로젝트는 태양계의 행성과 위성(화성, 유로파, 타이탄 등)에 대한 탐사 및 지구 규모의 외계 행성에 대한 다양한 탐사를 포함한다.

01 다음 그림 (가)와 (나)는 광원으로부터 나온 빛이 프리즘을 거쳐 관측자에게 도달하는 스펙트럼을 나타낸 것이다.

(가)

고온의 기체

(나)

저온의 기체

이에 대한 설명으로 옳은 것만을 〈보기〉 중에서 있는 대로 고른 것은?

─〈보기〉─

ㄱ. (가)는 흡수 스펙트럼이 나타난다.

ㄴ. (가)와 (나)에서 모두 선스펙트럼이 관측된다.

ㄷ. (나)의 스펙트럼은 별의 분광형을 분류하는 데 사용되었다.

① ㄱ   ② ㄴ   ③ ㄱ, ㄷ   ④ ㄴ, ㄷ   ⑤ ㄱ, ㄴ, ㄷ

02 다음 그림은 별의 H−R도를 나타낸 것이다.

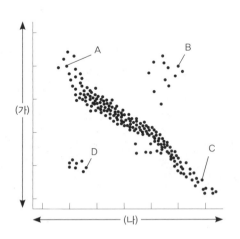

이에 대한 설명으로 옳은 것만을 〈보기〉 중에서 있는 대로 고른 것은?

〈보기〉

ㄱ. (가)는 절대 등급, (나)는 표면 온도를 나타낸다.

ㄴ. 주계열의 표면 온도는 A가 C보다 높다.

ㄷ. 별 B는 별 D보다 평균 밀도가 작다.

---

① ㄱ ② ㄴ ③ ㄱ, ㄷ ④ ㄴ, ㄷ ⑤ ㄱ, ㄴ, ㄷ

03 다음 사진은 질량이 서로 다른 두 별 (가)와 (나)의 진화 과정을 나타낸 것이다.

(가)

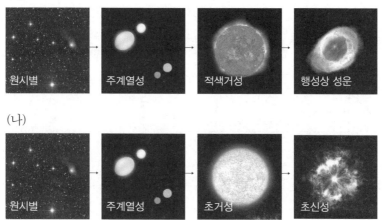

이에 대한 설명으로 옳은 것만을 〈보기〉 중에서 있는 대로 고른 것은?

---〈보기〉---

ㄱ. (가)의 질량이 (나)의 질량보다 크다.

ㄴ. 주계열 단계의 중심핵에서는 수소 핵융합 반응이 일어난다.

ㄷ. (가)의 최후에는 중심부에 중성자별이나 블랙홀이 남게 된다.

① ㄱ ② ㄴ ③ ㄱ, ㄷ ④ ㄴ, ㄷ ⑤ ㄱ, ㄴ, ㄷ

04 다음 그림 (가)와 (나)는 외계 행성을 탐사하는 서로 다른 방법을 나타
낸 것이다.

(가)   (나)

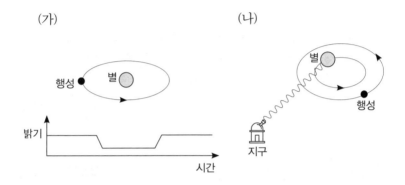

이에 대한 설명으로 옳은 것만을 〈보기〉 중에서 있는 대로 고른 것은?

〈보기〉

ㄱ. (가)에서 행성의 반지름이 클수록 밝기의 변화가 크다.

ㄴ. (나)에서 행성의 질량이 클수록 도플러 효과가 커진다.

ㄷ. (가)와 (나) 모두 행성의 공전 궤도 반지름이 클수록 행성의
   존재를 확인하기 쉽다.

---

① ㄱ   ② ㄷ   ③ ㄱ, ㄴ   ④ ㄴ, ㄷ   ⑤ ㄱ, ㄴ, ㄷ

1. (가)의 고온의 기체는 방출 스펙트럼을, (나)의 저온의 기체는 특정 파장대를 흡수하는 흡수 스펙트럼을 형성합니다.

ㄱ. (가)는 방출 스펙트럼이 나타납니다. **따라서 틀린 보기입니다.**

ㄴ. 선스펙트럼에는 흡수 스펙트럼과 방출 스펙트럼이 있습니다. **따라서 맞는 보기입니다.**

ㄷ. 별의 분광형을 분류하는 데에는 흡수 스펙트럼을 사용합니다. **따라서 맞는 보기입니다.**

∴ **정답은 ④입니다.**

2. ㄱ. 세로축에는 별의 광도, 절대 등급을 나타내고, 가로축에는 별의 표면 온도, 분광형, 색지수와 같은 물리량을 나타냅니다. **따라서 맞는 보기입니다.**

ㄴ. H-R도에서는 왼쪽으로 갈수록 표면 온도가 높습니다. **따라서 맞는 보기입니다.**

ㄷ. 평균 밀도는 오른쪽 위에서 왼쪽 아래로 갈수록 작아집니다. **따라서 맞는 보기입니다.**

∴ **정답은 ⑤입니다.**

3. (가)는 태양과 질량이 비슷한 별의 진화과정이고, (나)는 태양보다 질량이 매우 큰 별의 진화 과정입니다.

ㄱ. (가)의 질량은 (나)보다 작습니다. **따라서 틀린 보기입니다.**

ㄴ. 두 별 모두 주계열성의 단계에서는 수소 핵융합 반응이 일어납니다. **따라서 맞는 보기입니다.**

ㄷ. 서(가)의 최후 단계에서 행성상 성운의 중심부에는 백색왜성이 남게 되고, (나)에서는 초신성 폭발 이후 중심부에 중성자별이나 블랙홀이 남게 됩니다. **따라서 틀린 보기입니다.**

∴ 정답은 ②입니다.

4. (가)는 식 현상을 이용하는 방법이고, (나)는 도플러 효과에 의한 별빛의 파장 변화로 행성의 존재를 탐사하는 방법입니다.

ㄱ. (가)는 행성의 면적만큼 광도가 감소하므로 행성의 반지름이 클수록, 공전 궤도 반지름이 작을수록 행성의 존재를 확인하기 쉽습니다. **따라서 맞는 보기입니다.**

ㄴ. (나)는 행성의 질량이 클수록, 공전 궤도 반지름이 작을수록 별빛의 도플러 효과가 커져서 행성의 존재를 확인하기 쉽습니다. **따라서 맞는 보기입니다.**

ㄷ. (가)와 (나) 모두 공전 궤도 반지름이 작을수록 행성의 존재를 확인하기 쉽습니다. **따라서 틀린 보기입니다.**

∴ **정답은 ③입니다.**

Part
6

외부 은하와
우주 팽창

하늘을 올려다보면서, 밤하늘의 별을 보면서, '이 우주에는 끝이 있을까?' '저 하늘 끝에는 무엇이 존재하고 있을까?' 그런 생각을 해본 적이 있을 거예요. 우주는 언제부터 존재하고 있었으며 언제까지 존재하게 될까요?

우리가 사는 지구와 태양계, 그리고 우리은하 외에 이 우주에 존재하고 있는 다른 외부 은하에 대하여 알아보고, 우주의 미래에 대해서도 살펴보도록 하겠습니다.

인물과 함께 보는 우주론

아인슈타인

우주는 팽창하지도 수축하지도 않는다는 정적우주론을 지지했다. 그의 우주 모형은 정적이면서 우주 공간의 크기는 유한하지만 경계가 없는 모형이다.

르메트르

아인슈타인의 정적우주론이 믿어지고 있던 때에 우주가 시초의 원자로부터 시작했으며, 팽창하고 있기 때문에 은하들이 서로 점점 멀어지고 있다는, 이른바 팽창하는 우주에 대한 새로운 이론을 발표했다. 처음으로 허블 상수에 대한 관측적인 숫자를 제시하였다.

프리드만

우주가 어느 방향으로든 균일하고 동등하다는 가정에서 출발해 우주 내부 물질의 밀도에 따라 우주는 팽창할 수도, 수축할 수도 있는 등 다양한 답이 있다는 것을 알게 되었다. 우주의 질량에 따라 서로 다른 형태로 나타나는 우주 모형을 제시하였다.

허블

우주의 거리를 측정한 결과 정적인 우주와는 반대로 천체들이 예상보다 훨씬 더 빠른 속도로 멀어지는 것을 발견했다. 즉 우주가 팽창하고 있는 것이다. 그는 적색 편이 현상으로 성운의 거리와 후퇴속도에 대한 관계를 발견하였고 우주가 팽창한다는 것을 증명하였다.

조지 가모프

우주에 수소나 헬륨 등 가벼운 물질이 많은 것에 대한 의문에 대해 우주가 예전에 작게 압축되어 있었고, 팽창하면서 모든 원소가 만들어진 것이라는 착상을 하게 된다. 즉, '초고온 초고밀도의 물질이 한 점에 모여 있다가 갑자기 폭발해 오늘의 우주를 만들었다'는 빅뱅 우주론을 발표하였다.

은하의 분류

1

다양한 은하의 모습

밤하늘을 수놓는 아름다운 별들의 세계, 특히 강처럼 흐르는 듯한 은하수의 모습을 본 적이 있나요? 수많은 별의 집단을 은하라고 하며, 태양계가 속해 있는 은하를 우리은하라고 합니다. 은하수의 모습은 우리은하의 일부를 지구에서 바라본 모습이지요.

이런 사실을 사람들은 언제부터 알고 있었을까요? 지금은 우리은하 밖에도 수천억 개의 다른 은하들이 있을 거라고 짐작할 수 있게 되었지만, 19세기 사람들은 우리은하의 존재를 알고 있으면서도 우리은하의 크기가 어느 정도 되는지, 어떤 모양인지, 유일한 존재인지, 우주에 분포하는 은하가 얼마나 다양한 형태와 크기로 얼마만큼 존재하는지 몰라 매우 궁금해했다고 합니다.

우리은하 밖에 존재하는 은하를 외부 은하라고 합니다. 외부 은하들은 그 형태가 매우 다양합니다. 1924년에 천문학자 에드윈 허블은 가을 밤하늘에 보이는 뿌연 안드로메다 성운까지의 거리를 측정하면서, 안드로메다가 우리은하에 속한 작은 가스 구름이 아니라 완전히 멀리 떨어져 있는 별개의 은하계라는 사실을 발견하게 됩니다. 또한 이 넓고 광활한 우주에는 우리은하 뿐 아니라 다른 많은 은하가 존재하고 있음을 인식하게 됩니다. 그 이후 허블은 다양한 은하를 관측하여 그 모습에 따라 은하를 분류하는 작업을 시작하게 됩니다.

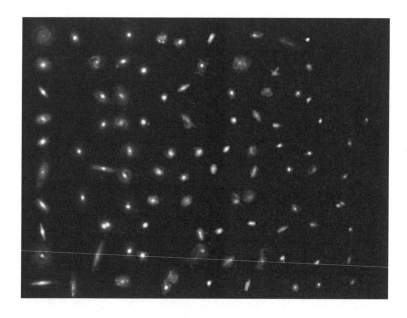

다양한 은하의 모습

허블은 외부 은하를 그 형태에 따라 타원 은하, 나선 은하, 불규칙 은하로 분류했습니다.

타원 은하는 매끄러운 타원 모양이며 나선팔이 없습니다. 단순히 거대한 주먹밥처럼 별들이 둥글게 모여 있는데, 그 둥근 정도에 따라

세부적으로 다시 분류합니다.

타원 은하의 표기를 E로 하였으며, 양이 아주 동그란 타원 은하부터 점점 찌그러진 정도에 따라 0부터 7까지 숫자로 표현했습니다. 성간 물질이 적어 새로운 별의 탄생은 거의 없는 은하입니다. 처녀자리의 M87은 E1형 은하이고, 안드로메다자리의 M110은 E5형 은하입니다.

나선 은하는 은하핵에서 나선 팔이 뻗어 나온 은하로, 중심부에 막대 모양의 구조가 있는 막대 나선 은하(SB)와 막대 구조가 없는 정상 나선 은하(S)로 분류하였습니다. 나선 팔이 감긴 정도를 기준으로 a, b, c로 세분하였는데, a에서 c로 갈수록 중심핵의 크기가 상대적으로 작고 나선 팔이 느슨하게 감겨 있는 것을 의미합니다.

나선 팔에는 성간 물질이 많아 젊고 파란색의 별들이 주로 분포하고, 은하핵에는 늙고 붉은색의 별들이 주로 분포합니다. 안드로메다 은하는 대표적인 정상 나선 은하이며, 우리은하는 막대 나선 은하에 해당합니다.

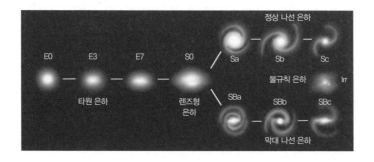

타원 은하나 나선 은하와 달리 모양이 일정하지 않아 구체적인 구조가 없는 은하들은 불규칙 은하로 분류했습니다. 규모가 작고 성간 물질이 많으며 젊은 별을 많이 포함하고 있습니다. 대표적인 불규칙 은하인 대마젤란 은하와 소마젤란 은하는 우리나라에서는 볼 수 없으며, 적도 아래로 내려가야 제대로 볼 수 있습니다. 거리가 가깝기 때문에 외부 은하의 구조 및 구성 물질에 대한 정보 파악에 많은 도움을 주었습니다.

특이 은하

허블의 방식대로 은하를 분류하다 보면 그 분류 기준으로는 분류되지 않는 은하들이 존재하게 됩니다. 이런 은하들은 서로 충돌, 합병하거나 가까이 스쳐 지나가면서 강한 상호 작용을 겪어서 만들어진 것으로 추정합니다. 그 형태는 보통 은하와 매우 다르지만, 크기는 보통 은하와 비슷하며, 보통 은하와 비슷한 비율의 성간 물질을 포함하고 있습니다.

이러한 특이 은하는 보통의 은하보다 강한 전파나 X선을 방출하며, 은하핵이 밝은 특징을 보입니다. 관측된 은하의 5~10%가 이러한 특이 은하에 해당하며, 특이 은하에는 전파 은하, 퀘이사, 세이퍼트 은하가 있습니다.

전파 은하는 전파 망원경이 발달하면서 발견된 은하입니다. 일반 은하보다 수백~수백만 배 이상의 강한 전파를 방출하는 은하이죠. 전파 영역에서 보면 중심핵의 양쪽에서 강력한 전파를 방출하는 로

브(lobe)라고 하는 둥근 돌출부가 있고, 중심핵에서 로브로 이어지는 제트가 대칭적으로 관측됩니다.

전파 은하의 이름은 이들이 속해 있는 별자리 이름에 A, B 등 전파가 센 차례로 이름을 붙였습니다. 백조자리 A, 처녀자리 A, 켄타우로스자리 A라고 불리는 NGC5128 등이 일찍이 알려져 유명한 전파 은하입니다.

전파 은하 헤라클레스 A가 만들어내는 신비롭고 놀라운 분출(jet) 모습

가시광선 영역으로 촬영한 영상에서 보이는 둥근 점 모양으로 밝게 빛나는 부분은 지극히 평범한 타원 은하지만, 전파 영역으로 관측해 보면 전파를 방출하는 물질이 은하핵으로부터 수십만 광년에 걸쳐 강력한 제트를 형성하면서 은하 사이의 공간까지 빠르게 뻗어 나가고 있는 것을 볼 수 있습니다. 헤라클레스 A의 제트 분출은 은하 중심의 초질량 블랙홀의 중력 에너지에 의해 발생하는 것으로 보입니다.

1960년대 초 먼 거리에서 매우 빠른 속도로 후회하고 있는 천체를 발견합니다. 광도가 매우 큰 천체지만 멀리 있기 때문에 가시광선에서 촬영하면 평범한 하나의 별처럼 보였습니다. 하지만 실제로 이 천체는 수만 개의 별로 이루어진 은하인 퀘이사입니다.

퀘이사(Quasar)는 준항성체(Quasi-stellar Object)로, 지구에서 가장 멀리 있는 천체 중 하나입니다. 전파 은하나 세이퍼트 은하보다 훨씬 더 밝은 은하핵을 지니고 있습니다. 퀘이사의 스펙트럼은 적색편이가 매우 크게 일어나는데, 이것은 보통의 은하보다 훨씬 먼 곳에서 빠르게 멀어져 가고 있다는 것을 의미합니다. 먼 곳에 있다는 것은 오래전에 만들어졌다는 사실을 의미하기 때문에 은하의 형성과 진화 등을 연구하는 데 많은 도움을 줄 수 있습니다.

1943년에는 미국의 학자 세이퍼트가 고온 또는 고에너지 상태의
가스에서 방사되는 강한 광선 스펙트럼을 관측하고 분류하면서 세이
퍼트 은하를 발견했습니다. 그 형태로 판단할 때는 대부분 나선 은하
로 보이지만, 은하 전체의 광도에 비해 중심부의 광도가 비정상적으
로 높게 관측됩니다. 격렬하게 활동하는 밝고 응축된 중심핵을 가졌
기 때문입니다. 대표적인 것으로 M77은하가 있으며, 이런 세이퍼트
은하는 모든 은하의 약 10%를 차지하고 있습니다.

외부 은하의 후퇴와 적색 편이

1912년 슬라이퍼는 은하의 적색 편이를 관측하게 됩니다. 그는 거의 모든 은하에서 적색 편이의 파장이 관측되는 것으로 보아, 외부 은하가 우리가 있는 은하로부터 멀어지고 있다고 생각하게 되었습니다.

적색 편이란 흡수 스펙트럼에서 흡수선의 위치가 원래 위치에서 파장이 긴 빨간색 쪽으로 치우치는 현상입니다. 먼 은하에서 오는 별빛의 스펙트럼을 분석해 보면, 우리은하에서 오는 별빛보다 흡수선이 빨간색 쪽으로 치우쳐 있음을 알 수 있습니다. 즉, 먼 은하에서 오는 별빛의 파장이 원래 파장보다 더 긴 것을 알 수 있겠지요? 이것을 적색 편이라고 합니다.

은하가 정지해 있을 때

실제 파장으로 스펙트럼이 관측된다

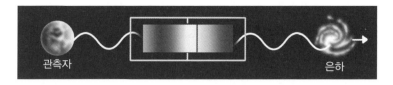

은하가 멀어질 때

빛의 파장이 길어져 스펙트럼의 흡수선이 빨간색 쪽으로 이동함 → 적색 편이

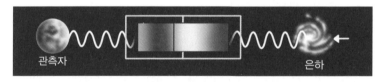

은하가 다가올 때

빛의 파장이 짧아져 스펙트럼의 흡수선이 파란색 쪽으로 이동함 → 청색 편이

    외부 은하들의 스펙트럼에서 적색 편이가 관측되었다는 것은 외부 은하들이 우리은하로부터 멀어지고 있다는 의미입니다. 거리가 먼 은하일수록 적색 편이가 크게 관측되었음은 우리은하로부터 먼 은하일수록 멀어지는 속도가 빠르다고 해석할 수 있습니다. 이러한 적색 편이를 분석해 보면 어느 정도의 속도로 멀어지고 있는지 유추가 가능해집니다.

Chapter 2

우주론

허블 법칙과 빅뱅 우주론

아인슈타인의 이야기를 좀 더 해볼까요? 그는 우주가 시간에 따라 변하지 않는 형태라고 생각했습니다. 그런데 그의 상대성 이론을 적용하게 되면 구성 성분들이 서로 잡아당겨 붕괴할 수밖에 없기 때문에 이에 서로 밀어내는 척력을 도입해서 정적인 우주를 제안하게 됩니다. 이러한 생각에 대해 프리드만은 수축하거나 팽창할 수 있는 우주론 모형을 제시하게 되었고, 그런 상황에서 허블의 우주 팽창론이 등장하게 되었습니다.

허블은 외부 은하의 스펙트럼에서 은하의 적색 편이의 좀 더 정확한 파장을 관측하여, 이를 토대로 은하가 멀어지는 속력과 은하까지의 거리가 비례한다는 허블의 법칙을 발표했습니다. 이 법칙을 이용하면 은하의 후퇴 속도를 구할 수 있게 됩니다. 이에 따라 우리은하에서 멀리 있을수록 더 빠르게 멀어지고, 우주는 계속 팽창한다는 사실을 주장하게 됩니다.

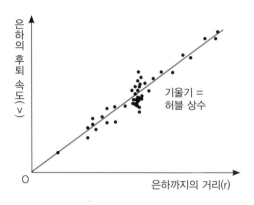

$$v = Hr$$

(H = 70.8 ± 1.6(km/s)/Mpc : 허블 상수)

20세기 초반까지 대부분의 사람이 우주는 시작도 끝도 없이 무한하게 펼쳐진 정적인 시공간이라고 믿고 있었는데, 갑자기 허블이 우주가 계속 팽창하고 있다는 사실을 주장한 겁니다. 이 사건은 당시 정적인 우주론을 믿고 있던 아인슈타인마저 당황하게 했던 가히 충격적인 사건이 아닐 수 없었을 것입니다.

아인슈타인은 은하들 사이에 서로 잡아당기는 만유인력이 작용하면 우주가 붕괴될 것이라고 생각하여 우주상수를 도입해 정지된 우주를 가정했던 것에 대해 자신의 생애에서 가장 큰 실수였음을 인정하기까지 했다고 합니다.

허블의 법칙은 1929년 에드윈 허블과 휴메이슨이 함께 만든 작품입니다. 그런데 이 법칙이 발표되는 과정에서 휴메이슨의 이름이 빠지게 됩니다. 그는 과학자가 아니었고 장비 배달 일을 하던 중 허블의 관측을 보조해 주는 업무를 담당하고 있었다고 합니다. 그래서 이 법칙의 이름은 과학자였던 허블의 이름만을 따서 발표하게 된 것이지요.

허블의 법칙에 또 약간 복잡한 상황이 발생합니다. 국제천문연맹에 따르면 천문학자 조르주 르메트르가 허블이 법칙을 발견하기 2년 전인 1927년에 도플러 효과를 이용, 은하들의 거리와 그 속도 등을 측정해 자신의 이론인 팽창하는 우주에 대한 논문을 발표했다고 합니다.

따라서 우주가 팽창한다는 이론의 기초이자 빅뱅의 증거이기도 한 허블의 법칙을 허블-르메트르의 법칙으로 개명하기로 했다고 합니다. 허블 상수도 그 이름을 바꾸어 불러야 한다면 좀 복잡해질 것 같기는 합니다. 아무튼 여러 과학자들의 관측과 연구의 결과로, 우주는 정적인 상태가 아니라 팽창하고 있음이 명백하게 밝혀졌다고 할 수 있겠습니다.

프리드먼은 20세기 초까지 아인슈타인을 비롯하여 대부분의 과학자가 선호했던 정적 우주론에 반기를 들었으며, 러시아 출신의 미국 학자 조지 가모프는 허블의 관측 결과와 프리드만, 르메트르의 선구적 연구를 토대로 빅뱅 우주론을 제안하게 됩니다. 빅뱅은 우주가 하나의 점으로부터 대폭발하여 생성되었고, 계속 팽창하면서 냉각되었다는 이론입니다.

그런데 호일, 본디, 골드 등 영국 케임브리지 대학교 천문학과 교수들은 빅뱅 우주론을 못마땅하게 생각했습니다. 빅뱅 우주론에 따르면 우주의 시간을 거꾸로 돌렸을 때 원시 우주에 모든 물질(현재 우주의 모든 것)이 한 점에 모이는 초고온 초밀도의 특이점이 생기는데, 이는 물리학으로는 도저히 설명할 수 없는 현상이라는 것입니다.

빅뱅 우주론을 반대하는 이들은 1948년 정상 우주론을 발표합니다. 사실 빅뱅이라는 말은 허블 법칙이 발견된 후 한참 후에 쓰이기 시작했다고 하는데, 대폭발 우주론에 반하는 정상 우주론을 주장한 영국의 천문학자 프레드 호일이 대폭발 우주론을 경멸하는 투로 사용한 이 단어가 지금까지 우주론을 대표하는 단어가 되었다는 것도 재미있는 일입니다.

정상 우주론은 우주가 팽창하여도 우주의 온도와 밀도는 변하지 않고 항상 일정한 상태를 유지한다는 이론입니다. 대표적인 물리학자 프레드 호일은 "우주는 항상 일정한 상태이고 시작도 끝도 없다."고 하면서, 은하들이 서로 멀어지고 있지만 그사이 빈 공간에서 새로운 은하들이 만들어져 우주는 항상 같은 밀도와 모양을 유지할 수 있다고 주장하였지요. 그러나 질량불변의 법칙에도 어긋나기 때문에 호일이 주장한 정상 우주론도 합리적인 우주론이라고 볼 수는 없습니다.

구분	빅뱅 우주론		정상 우주론
모형			
주창자	가모프 등		호일 등
특징	질량	우주 팽창 과정에서 우주의 총질량에는 변화가 없다	우주 팽창으로 새로 생긴 공간에 물질이 계속 생성되어 우주의 총질량이 증가한다
	밀도	팽창에 의해 부피는 커지고 질량은 변화가 없으므로 우주의 밀도는 감소한다	일정하다
	온도	감소한다	일정하다

가모프와 호일이 활발한 논쟁을 벌이던 1940년대 말~1950년대 초의 관측 장비와 기술로는 초기 은하와 성숙한 은하를 구별할 수 없었기에 명확한 결론이 나지 않고 있었습니다.

1964년 미국의 물리학자인 아노 펜지어스와 로버트 윌슨은 무선 통신을 연구하던 중 소라 모양의 안테나에서 알 수 없는 잡음의 수준이 너무 크다는 생각을 하게 됩니다. 이 잡음을 제거하기 위해서 인간이 낼 수 있는 잡음뿐만이 아니라 주변 비둘기의 배설물까지 치우는 수고를 하게 됩니다. 그럼에도 불구하고 그 잡음은 나아지지 않았고, 결국 그들은 이 잡음이 가모프가 예측했던 초기 우주에서 방출된 복사가 현재까지 냉각되어 만들어진 복사라는 것을 밝히게 됩니다.

이 복사가 빅뱅이 식어 만들어 내는 우주의 배경 복사임을 발견한 업적으로, 1978년 노벨상을 타게 되는 영광을 누리게 됩니다. 전파

수신기에 붙은 새똥까지 치우는 수고를 한 이들은 우주 배경 복사의 발견과 함께 빅뱅 이론이 하나의 가설이 아닌 엄연한 우주론의 정설로 자리 잡게 한 것입니다. 오랜 시간 동안 논쟁을 하던 정상 우주론과 빅뱅 우주론은 드디어 빅뱅 우주론의 승리로 끝을 내게 됩니다.

빅뱅 우주론에서 계산된 우주 공간에 존재하는 수소와 헬륨의 질량비는 3:1 정도이며, 이는 최신 관측 결과와 일치하기 때문에 빅뱅 우주론을 지지해 줄 수 있는 또 다른 강력한 증거가 될 수 있습니다.

급팽창 이론과 가속 팽창 이론

빅뱅 우주론은 가장 많은 인정을 받는 우주론이 되었지만 몇 가지 문제점들이 제기됩니다. 지평선 문제, 자기 홀극 문제 등 해결해야 할 문제들이 남아 있습니다.

팽창하는 우주 모형에서 우주는 유한한 과거를 가지게 됩니다. 우주의 시작으로부터 빛이 이동할 수 있는 거리는 유한하다는 것이지요. 즉 우주에 존재하는 물질들의 상호 작용은 초기 우주부터 현재까지 빛이 이동할 수 있는 거리 안에서만 이루어질 수 있다는 겁니다. 하지만 관측에 의해 그보다 훨씬 먼 거리에서 물질의 분포나 우주 배경 복사의 온도 분포가 만분의 일 이내에서 거의 같은 값을 가지고 있다는 게 발견된 겁니다.

서로 정보를 교환할 수 없는 두 지점이 어떻게 같은 밀도와 온도를 가질 수 있게 된 것일까요? 이것이 우주의 지평선 문제입니다.

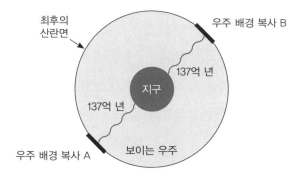

최후의 산란면

우주 배경 복사 B

137억 년

지구

137억 년

우주 배경 복사 A

보이는 우주

또 다른 문제는 우주의 평탄성 문제입니다. 현재 관측에 따르면 우주는 아주 평탄해 보입니다. 따라서 초기 우주에서는 그 평탄성의 정도가 현재보다 훨씬 정확하게 평탄하여야 한다는 것입니다. 왜 처음부터 이 정도로 정확하게 우주가 평탄한 것인가에 대하여 과학자들은 의문을 가지게 되었습니다.

이러한 문제들을 보완하기 위하여 1979년 구스는 급팽창 우주론을 제안합니다. 우주 탄생 직후인 $10^{-36} \sim 10^{-34}$초 사이의 매우 짧은 시간 동안 우주가 급격하게 팽창했다는 것입니다.

우주가 급팽창하여 공간의 크기가 매우 커지게 되면 우주 전체가 휘어져 있더라도 관측되는 영역은 편평하게 보일 수도 있기 때문에 이런 문제도 해결할 수 있습니다. 지구가 둥글지만 우리가 보는 시야에서 지구 표면은 편평하게 느껴지는 것과 비슷하게 생각하면 될 것 같지요? 우주의 반대편이라도 원래는 매우 가깝게 붙어 있었기 때문에 서로 정보 교환이 가능했을 것입니다. 이제 우주의 지평선 문제가 해결된 것 같은가요?

그럼 우주의 미래는 어떨까요? 우주의 팽창 속도가 어느 정도로 줄어들고 있는지 밝히면 우주가 어떤 형태를 하게 될지 짐작할 수 있을 것입니다. 텅 빈 우주를 상상해 볼까요? 우주에 물질과 에너지가 전혀 없다면 우주는 일정한 속도로 팽창할 것입니다. 이런 우주를 우리는 텅 빈 우주라고 합니다. 그렇지만 우리 우주는 텅 빈 우주가 아니라서 팽창 속도는 점차 줄어들 겁니다.

사실 급팽창이 지나고 우주의 팽창 속도가 서서히 줄어들 것이라는 생각이 지배적이었습니다. 하지만 이 생각에 따른다면 초신성은 텅 빈 우주일 때보다 더 밝게 보여야 합니다. 거리가 더 가까이 있어야 하기 때문이겠지요. 그러나 이와 빗나간 결과가 발표되었습니다. 우주 팽창의 감속 비율을 알아내려고 초신성을 관측하다가 나온 이 결과는 사람들을 매우 당혹스럽게 했습니다.

Ia형 초신성의 적색 편이 값과 밝기를 관측하여 알아낸 거리 분포를 그래프로 작성하여 우주가 일정한 비율로 팽창해 왔다고 가정할 때의 예상값과 비교했는데, 적색 편이 값이 매우 큰 경우는 거리가 예상보다 가까웠고 Ia형 초신성의 적색 편이 값이 작은 경우는 거리가 예상보다 멀게 나타났습니다.

이로부터 내릴 수 있는 결론은 비교적 최근의 우주는 빠르게 팽창한다고 판단할 수 있다는 사실입니다. 또한 우주의 팽창 속도가 점점 빨라지고 있으며 이는 우주의 가속 팽창을 의미한다는 것도요. 2011

년 노벨물리학상은 모든 과학자의 예측을 뒤엎은 이 놀라운 발견에 수여됩니다.

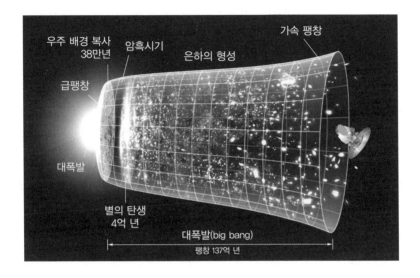

Chapter
3

암흑 물질과 암흑 에너지

암흑 물질과 암흑 에너지

존재하는 모든 물질의 기본 단위는 원자이며, 이 원자가 모여 물질을 구성합니다. 우리 주변에서 볼 수 있는 모든 사물, 공기, 물, 그리고 인간을 포함한 생명체 등도 그렇습니다. 보통 원자로 이루어져 있다고 하는 것은 전자와 양성자, 중성자로 구성된 것들을 의미하는데, 우주 공간에는 이들로 구성되지 않은 어두운 물질이 존재합니다. 이를 암흑 물질이라고 부릅니다.

우주에서 우리가 볼 수 있고 확인할 수 있는 물질은 전체 우주를 구성하는 물질 중 약 4.9%에 불과하고, 나머지는 아직도 정확하게 무엇인지 알 수 없는 상태입니다. 이 가운데 약 26.8%가 암흑 물질, 나머지 68.3%는 암흑 에너지로 채워져 있다고 합니다.

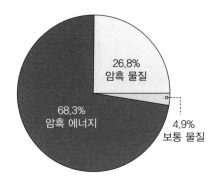

암흑 물질은 보통의 별들과는 달리 빛을 방출하지 않아 보이지 않습니다. 보이지 않는데 어떻게 암흑 물질의 존재를 알게 되었을까요? 암흑 물질도 질량이 있기 때문에 그들이 분포하는 곳에서는 중력 효과가 일어나게 됩니다. 중력 효과가 일어나면 빛의 경로가 휘거나 주변 항성이나 은하의 운동이 교란되기도 하지요. 그렇지만 암흑 물질이 어떤 입자의 형태로 존재하고 있는지는 아직 정확하게 알려지지 않은 상태입니다.

팽창하고 있는 우주 안에서는 우주를 구성하고 있는 물질끼리 서로 잡아당겨 가까워지려는 힘인 중력이 감소하게 되기 때문에 우주의 팽창 속도가 점차 감소할 것으로 예상했습니다. 그러나 최근 자료들에서 우주가 70억 년 전에 비해 15% 정도 빠른 속도로 팽창하고 있는 변화를 보여주고 있다고 합니다.

이렇게 우주가 가속 팽창하기 위해서는 우주에 있는 물질의 중력과 반대 방향으로 작용하는 힘이 존재해야 하는데, 이것을 가능하게 하는 척력으로 작용하는 미지의 에너지를 암흑 에너지라고 합니다.

우주 공간에 널리 퍼진 이 에너지가 우주를 가속 팽창시키고 있다고 해석하고 있습니다.

미지의 물질, 미지의 에너지라는 의미에서 암흑 물질이나 암흑 에너지란 이름이 어울려 보입니다만, 그것이 과연 무엇인지 아직은 아무도 정확하게 알지 못합니다. 이 우주의 신비는 과연 언제쯤 풀릴까요?

표준 우주 모형

표준 우주 모형이란 급팽창 이론을 포함하여 빅뱅 우주론에 암흑 물질과 암흑 에너지의 개념까지를 모두 포함한 최신의 우주 모형을 의미합니다. 지금까지 이루어진 우주 관측 사실들을 잘 설명할 수 있는 모형이지요. 2013년에 발표된 플랑크 위성의 관측 결과, 우주를 구성하는 요소들의 분포 비는 암흑 에너지가 68.3%, 암흑 물질이 26.8%, 보통 물질이 4.9%를 차지합니다.

우주의 미래는 우주의 밀도에 따라 수축과 팽창 여부가 결정됩니다. 암흑 에너지가 없는 우주가 팽창하다가 서서히 감속되어 팽창을 멈추고 일정한 크기가 유지될 때의 밀도를 임계 밀도라고 정의할 때, 우주 미래 모형은 세 가지로 생각해 볼 수 있습니다.

가장 먼저, 열린 우주입니다. 우주의 평균 밀도가 임계 밀도보다 작을 때 우주는 영원히 팽창하는 열린 우주가 된다는 모형입니다.

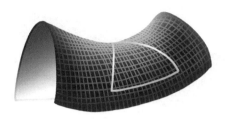

두 번째는 닫힌 우주인데, 우주의 평균 밀도가 임계 밀도보다 클 때 중력의 작용이 우세하여 우주의 팽창 속도가 계속 감소하면서 우주의 크기가 다시 감소하는 닫힌 우주가 된다는 모형입니다.

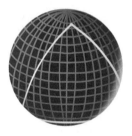

마지막으로 우주의 평균 밀도가 임계 밀도와 같을 때 우주의 팽창 속도가 점점 감소하여 0에 수렴하는 평탄한 우주가 된다는 **평탄 우주**가 있습니다.

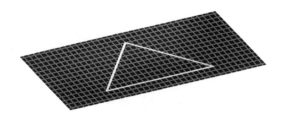

　최근 관측한 현재의 우주는 평탄하지만 가속 팽창하고 있으며, 이 가속 팽창의 에너지원은 암흑 에너지로 생각됩니다. 팽창 초기에는 중력이 세기 때문에 우주가 감속 팽창하다가 물질의 밀도가 점점 낮아지므로 중력이 우주 팽창에 미치는 영향은 상대적으로 적어집니다. 반면 암흑 에너지가 우주 팽창에 미치는 영향력이 상대적으로 커지게 됩니다.

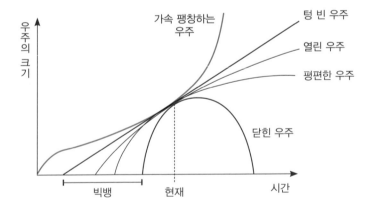

• **외부 은하**

우리은하 바깥에 존재하는 은하로, 허블은 안드로메다 성운
이 우리은하의 지름보다 멀리 떨어져 있는 외부 은하라는 사
실을 밝혀냈다. 허블은 외부 은하를 형태에 따라 매끄러운 타
원 모양의 나선팔이 없는 타원 은하, 은하핵에서 나선팔이 뻗
어 나온 나선 은하, 모양이 일정하지 않고 규칙적인 구조가
없는 불규칙 은하로 분류하였다.

• **특이 은하**

특이 은하는 허블의 은하 분류 체계로 분류되지 않는 새로운
유형의 은하로, 일반 은하보다 수백~수백만 배 이상의 강한
전파를 방출하는 전파 은하, 보통 은하에 비해 아주 밝은 핵
과 넓은 방출선을 보이는 세이퍼트 은하, 지구에서 가장 멀리
있는 천체 중 하나이자 전파 은하나 세이퍼트 은하보다 훨씬
밝은 은하핵을 가진 퀘이사가 있다. 은하들은 우주에 골고루
퍼져 있지 않고 무리지어 분포하므로 중력이 작용하여 서로
가까워지거나 충돌하기도 하는데, 이 과정에서 형성되는 은
하가 충돌 은하이다. 약 60억 년 후에는 우리은하와 안드로

메다 은하가 충돌하며 합쳐져 거대 타원 은하가 될 것으로 예측된다.

• **허블 법칙**

허블은 거리가 알려진 외부 은하의 스펙트럼을 조사하여 대부분의 은하에서 적색 편이를 관측하였는데, 이를 외부 은하가 우리은하로부터 멀어지고 있기 때문이라고 생각했다. 이를 바탕으로 은하의 후퇴 속도는 그 은하까지의 거리에 비례한다는 허블의 법칙($v = Hr$)을 발표한다. 또한 우주 공간은 팽창하고 있으며, 팽창하는 중심을 정할 수 없고, 은하는 팽창으로 인해 서로 멀어지고 있다. 팽창하는 우주의 시간을 거꾸로 돌리면 먼 과거에 우주는 한 점에 모여 있었다고 추측할 수 있다. 허블 상수(H)를 이용하면 우주의 나이와 크기를 알아낼 수 있는데, 우주의 나이는 과거 어느 시점에 한 점에 모여 있던 은하가 현재의 속력으로 현재의 거리만큼 멀어지는 데 걸린 시간이다. 우주의 크기는 은하의 후퇴 속도가 광속을 넘을 수 없으므로 관측 가능한 우주의 크기는 광속으로 멀어지는 은하까지의 거리에 해당한다.

• 빅뱅 우주론

허블 법칙 이후의 우주론은 우주 팽창의 개념을 포함하는 빅뱅 우주론과 정상 우주론으로 발전하게 되었다. 빅뱅 우주론은 우주의 모든 물질과 에너지가 온도와 밀도가 매우 높은 한 점에 모여 있다가 빅뱅을 일으켜 팽창하면서 냉각되어 현재와 같은 우주가 되었다는 이론이다. 정상 우주론은 우주가 팽창해도 우주의 온도와 밀도는 변하지 않고 항상 일정한 상태를 유지한다는 이론이다. 빅뱅 우주론의 증거로 빅뱅 이후 약 38만 년 후 원자가 형성되면서 물질로부터 빠져나와 우주 전체에 균일하게 퍼져 있는 빛인 우주 배경 복사가 있다. 또한 선스펙트럼으로 확인한 수소와 헬륨의 질량비가 약 3:1이라는 사실이 빅뱅 우주론에서 예측한 수소와 헬륨의 질량비와 거의 일치한다는 것이다. 하지만 우주의 지평선 문제, 우주의 편평성 문제, 자기 홀극 문제 등 빅뱅 우주론으로 설명할 수 없는 몇 가지 문제점이 발생한다.

• 급팽창 우주와 가속 팽창 우주

급팽창 이론 인플레이션 이론이라고도 하는데, 빅뱅 이후

$10^{-36} \sim 10^{-34}$초 사이에 우주가 빛보다 빠른 속도로 급격하게 팽창하였다는 이론으로 1979년 구스가 제안하여 빅뱅의 문제점을 해결하였다.

우주의 지평선 문제 빅뱅 후 10^{-36}초까지 우주의 크기는 우주의 지평선보다 훨씬 작았기 때문에 내부의 빛이 충분히 뒤섞여 에너지 밀도가 균일해질 수 있었다고 설명한다.

우주의 편평성 문제 우주가 급격히 팽창하여 공간의 크기가 매우 커지면 우주 전체가 휘어져 있더라도 관측되는 우주의 영역은 편평하게 보이므로 편평성 문제의 모순점을 해결할 수 있다.

자기 홀극 문제 우주가 급팽창하여 우주의 지평선보다 훨씬 커졌기 때문에 대부분의 자기 홀극은 우주의 지평선 너머로 흩어졌다. 우주 공간 내의 자기 홀극 밀도가 너무 낮아져서 자기 홀극을 발견하기 어려운 것이다.

가속 팽창 우주 이론 우주를 구성하는 물질의 중력 때문에 시간에 따라 우주의 팽창 속도가 감소할 것이라고 예상하였으나, 초신성의 관측 결과를 분석해 보면 오히려 우주의 팽창 속도가 점점 빨라지는 가속 팽창을 하고 있다.

• 암흑 물질과 암흑 에너지

암흑 물질은 빛을 방출하지 않아 보이지 않지만 질량을 가지고 있기 때문에 중력적인 방법으로 그 존재를 추정할 수 있는 물질이다. 나선 은하의 회전 속도 곡선 분석, 중력 렌즈 현상, 은하단에 속한 은하들의 이동 속도 등을 통해 암흑 물질의 존재를 추정할 수 있다. 가속 팽창하기 위해서는 우주에 있는 물질의 중력과 반대 방향으로 작용하는 힘이 존재해야 하는데, 우주 공간 자체가 척력으로 작용한다고 여겨 이를 암흑 에너지라 한다.

• 표준 우주 모형

급팽창 이론을 포함한 빅뱅 우주론에 암흑 물질과 암흑 에너지의 개념까지 모두 포함된 최신 우주 모형이다. 우주를 구성하는 요소는 암흑 에너지(68.3%), 암흑 물질(26.8%), 보통 물질(4.9%)로 이루어진다. 우주의 미래는 우주의 밀도에 따라 수축과 팽창 여부가 결정되며, 그 모형은 암흑 에너지가 없을 때 열린 우주, 닫힌 우주, 평탄 우주의 3가지로 볼 수 있다.

01 다음의 여러 은하 (가), (나), (다)를 그 특징에 맞게 서로 연결하시오.

(가) 전파 은하　　　　•

(나) 퀘이사　　　　　•

(다) 세이퍼트 은하　　•

• ㉠ 매우 멀리 있어 별처럼
　　보이지만 일반 은하의
　　수백 배 정도의 막대한
　　에너지를 방출한다.

• ㉡ 은하 중심부에서 강한
　　제트가 뻗어 나온다.

• ㉢ 은하 중심부의 광도가
　　매우 높다.

02 다음 그림은 외부 은하까지의 거리와 그 은하의 후퇴 속도를 나타 낸 것이다.

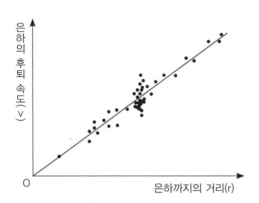

이에 대한 설명으로 옳은 것만을 〈보기〉에서 있는 대로 고른 것은?

―〈보기〉―

ㄱ. 거리가 먼 은하일수록 후퇴 속도가 빠르다.

ㄴ. 허블 상수는 직선의 기울기에 반비례한다.

ㄷ. 우주의 팽창으로 인하여 은하들 사이의 거리가 멀어진다.

① ㄱ   ② ㄴ   ③ ㄱ, ㄷ   ④ ㄴ, ㄷ   ⑤ ㄱ, ㄴ, ㄷ

03 다음 그림 (가)와 (나)는 서로 다른 우주 모형에서 시간에 따른 우주
의 변화를 나타낸 것이다.

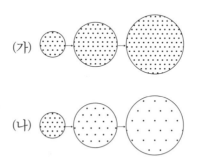

이에 대한 설명으로 옳은 것만을 〈보기〉에서 있는 대로 고른 것은?

─〈보기〉─

ㄱ. (가)와 (나) 모두 팽창하는 우주를 기본으로 전제한다.

ㄴ. (가)는 우주가 커져도 밀도가 유지된다.

ㄷ. (나)에서는 시간이 지나면서 온도가 내려간다.

① ㄱ　　② ㄴ　　③ ㄱ, ㄷ　　④ ㄴ, ㄷ　　⑤ ㄱ, ㄴ, ㄷ

04 다음 그림은 최신 관측을 통해 알아낸 우주를 구성하고 있는 요소들의 분포비를 나타낸 것이다.

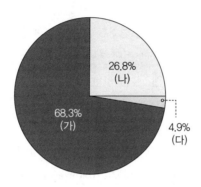

이에 대한 설명으로 옳은 것만을 〈보기〉에서 있는 대로 고른 것은?

───〈보기〉───

ㄱ. (가)는 우주가 가속 팽창하게 하기 위해서 작용하는 힘을 발생시키는 에너지이다.

ㄴ. (나)는 암흑 물질로 그 존재를 확인할 수 없다.

ㄷ. (다)는 현재의 과학 기술로 관측이 불가능하다.

① ㄱ   ② ㄴ   ③ ㄱ, ㄷ   ④ ㄴ, ㄷ   ⑤ ㄱ, ㄴ, ㄷ

1. (가) 전파 은하는 일반 은하보다 수백~수백만 배 이상의 강한 전파를 방출합니다. 은하 중심부에서 뻗어 나온 강력한 물질의 흐름인 제트와 제트 끝에 연결된 로브가 대칭적으로 나타나고 있습니다. 은하 중심부에 거대 블랙홀이 있는 것으로 추정됩니다. **따라서 (가)는 ⓛ에 해당합니다.**

(나) 퀘이사는 엄청난 에너지를 방출하며 적색 편이가 매우 커서 이를 이용해 거리를 계산해보면 퀘이사까지의 거리가 100억 광년 이상인 것도 관측되고 있어 초기 우주에 형성된 천체일 것으로 추정합니다. **따라서 (나)는 ㉠에 해당합니다.**

(다) 세이퍼트 은하는 은하의 중심부의 광도가 매우 크고 스펙트럼상에 넓은 방출선이 있어 은하 중심부의 가스 구름이 매우 빠른 속도로 움직이고 있어 거대 블랙홀의 가능성이 높다고 추정되고 있습니다. **따라서 (다)는 ⓒ에 해당합니다.**

2. 허블은 외부 은하까지의 거리와 스펙트럼 분석으로 얻은 후퇴 속도와의 관계로부터 허블의 법칙을 발견하였습니다.

ㄱ. 허블의 법칙($v = Hr$)에 의해 후퇴 속도(v)는 외부 은하까지의 거리(r)에 비례합니다. **따라서 맞는 보기입니다.**

ㄴ. 허블의 법칙 중 H가 허블 상수이며 그래프에서 기울기에 해당합니다. 즉 기울기가 클수록 허블 상수가 커지게 됩니다. **따라서 틀린 보기입니다.**

ㄷ. 거리가 멀수록 은하의 후퇴 속도가 빠르다는 것은 우주가 팽창하고 있다는 것을 의미합니다. **따라서 맞는 보기입니다.**

∴ 정답은 ③입니다.

3. (가)는 정상 우주론, (나)는 빅뱅 우주론입니다.

ㄱ. (가)와 (나) 모두 팽창하는 우주를 전제로 합니다. **따라서 맞는 보기입니다.**

ㄴ. 정상 우주론에서는 우주의 크기와 상관없이 밀도가 일정하게 유지됩니다. **따라서 맞는 보기입니다.**

ㄷ. 빅뱅 우주론에서는 시간이 지나면서 우주의 온도가 낮아지고 밀도도 작아집니다. **따라서 맞는 보기입니다.**

∴ **정답은 ⑤입니다.**

4. (가)는 암흑 에너지, (나)는 암흑 물질, (다)는 보통 물질입니다.

ㄱ. (가)는 우주가 가속 팽창하기 위해서는 우주의 물질 중 중력과 반대 방향으로 작용하는 힘이 존재해야 하는데 이러한 힘을 발생시키는 에너지입니다. **따라서 맞는 보기입니다.**

ㄴ. (나)는 암흑 물질로 빛을 방출하지 않아 보이지 않지만, 질량이 있으므로 중력적인 방법으로 그 존재를 추정할 수 있습니다. **따라서 틀린 보기입니다.**

ㄷ. (다)는 보통 물질로 가시광선, 전파 등을 통해 현재의 과학 기술로 관측이 가능합니다. **따라서 틀린 보기입니다.**

∴ **정답은 ①입니다.**

한언의 사명선언문

Since 3rd day of January, 1998

Our Mission – 우리는 새로운 지식을 창출, 전파하여 전 인류가 이를 공유케 함으로써 인류 문화의 발전과 행복에 이바지한다.

– 우리는 끊임없이 학습하는 조직으로서 자신과 조직의 발전을 위해 쉼 없이 노력하며, 궁극적으로는 세계적 콘텐츠 그룹을 지향한다.

– 우리는 정신적·물질적으로 최고 수준의 복지를 실현하기 위해 노력하며, 명실공히 초일류 사원들의 집합체로서 부끄럼 없이 행동한다.

Our Vision 한언은 콘텐츠 기업의 선도적 성공 모델이 된다.

> 저희 한언인들은 위와 같은 사명을 항상 가슴속에 간직하고
> 좋은 책을 만들기 위해 최선을 다하고 있습니다.
> 독자 여러분의 아낌없는 충고와 격려를 부탁드립니다.
> • 한언 가족 •

HanEon's Mission statement

Our Mission – We create and broadcast new knowledge for the advancement and happiness of the whole human race.

– We do our best to improve ourselves and the organization, with the ultimate goal of striving to be the best content group in the world.

– We try to realize the highest quality of welfare system in both mental and physical ways and we behave in a manner that reflects our mission as proud members of HanEon Community.

Our Vision HanEon will be the leading Success Model of the content group.